Heinrich Orths

Einkaufscontrolling als Führungsinstrument

Tipps und Tools für den Erfolg

Band 10
Praxisreihe Einkauf/Materialwirtschaft

herausgegeben von
Professor Dr. Horst Hartmann

2. Auflage

Deutscher Betriebswirte-Verlag, Gernsbach

Bibliografische Information Der Deutschen Bibliothek

Die Deutsche Bibliothek verzeichnet diese Publikation in der Deutschen Nationalbibliografie; detaillierte bibliografische Daten sind im Internet über http://dnb.ddb.de/ abrufbar

© Deutscher Betriebswirte-Verlag GmbH, Gernsbach 2003
2. erweiterte und ergänzte Auflage 2009
Satz u. Umschlaggestaltung: Deutscher Betriebswirte-Verlag GmbH, Gernsbach
Druck: AZ Druck und Datentechnik, Kempten
ISBN: 978-3-88640-135-2

Inhaltsverzeichnis

Verzeichnis der Abbildungen   9

Vorwort   11

1.   Controlling   13
     1.1   Begriffsdefinition – Von der Kontrolle zur Führung   13
     1.2   Grundsätze zum Vorgehen   14
     1.3   Operatives und strategisches Controlling   15
     1.4   Management by Delegation – Kompetenz und
           Verantwortung   16
     1.5   Management by Objectives – Führen mit Zielen   18
     1.6   Ziele – Orientierung im Alltag   21
           1.6.1 Zielvorgaben : Zielvereinbarungen   21
           1.6.2 Ziele-Systematik   22
           1.6.3 Zielbeschaffenheit   23
           1.6.4 Zielauswahl   25
           1.6.5 Ziele und Zeit   26
           1.6.6 Zielkoordination   27
           1.6.7 Balanced Score Card   30
     1.7   Zuständigkeit und Transparenz   30

2.   Benchmarking – Vergleich mit anderen   32
     2.1   Begriffsdefinition – Ein besonderes Kerbholz   32
     2.2   Vergleichen mit den Besten – Selbst-Controlling   32

3.   Portfolio-Analyse – Ordnung muss sein   35
     3.1   Grundlagen und Konzepte   35
     3.2   Hebelprodukte   36
     3.3   Unproblematische Produkte   37
     3.4   Schlüsselprodukte   38
     3.5   Engpassprodukte   39
     3.6   Portfolio-Controlling   39

4.   Lieferantenbewertung – Programmierte Verbesserung   45
     4.1   Systemischer Ansatz   45
     4.2   Bewertungskriterien – Ziele erkennen   45

4.3   Durchführung – Aufwand in Grenzen halten   50
4.4   Lieferanten-Controlling – Lob und Tadel   52
4.5   Mitarbeiter-Controlling –
Verantwortung erkennbar machen   53

5.   Qualität und Umwelt   55
    5.1   Grundsätzliche Bemühungen   55
    5.2   Controlling von Zertifizierungen –
Überblick gewinnen und erhalten   56

6.   Qualitätssicherungsvereinbarungen – nie wieder prüfen!   58
    6.1   Wozu Qualität vereinbaren?   58
    6.2   Controlling für Qualitätssicherungsvereinbarungen   60

7.   Controlling von Einsparungen   62
    7.1   Grundregeln   62
    7.2   Grundlagen für die Berechnung   63
    7.3   Produktorientierte Einsparungen   64
    7.4   Projektorientierte Einsparungen   70
    7.5   Einkaufsprojekte   72
    7.6   Controlling und Reporting von Einsparungen   74

8.   Just-in-Time – gerade recht   76
    8.1   Grundsätzliches zu „rechtzeitig"   76
    8.2   Just-in-Time – immer etwas anderes   78
    8.3   KANBAN – Karte mit Folgen   79
    8.4   Just-in-Time-Controlling   79

9.   C-Teile-Management   81
    9.1   Grundsätzliches   81
    9.2   Händler-Konzepte   85
    9.3   Warenhaus-Konzepte   87
    9.4   E-Procurement   89
    9.5   Purchasing Card-System   90
    9.6   C-Teile-Management im Unternehmen   94

10. Kontrakt-Management   95
    10.1 Koordinationsbedarf erkennen   95
    10.2 Kontrakt-Controlling – Fragen und Antworten   98

11. Lieferzeiten und Bestände   104
   11.1 Grundsätzliches   104
   11.2 Lieferzeiten – Zeit ist Geld   105
   11.3 Bestände – Übel ohne Übeltäter?   108
   11.4 Rollierende Planung – Zahlen nennen, und dann?   110

12. Logistik-Controlling   113
   12.1 Transportlogistik   113
        12.1.1 Beförderung von Gütern – und sonst?   113
        12.1.2 Selbst-Controlling – Umsetzen steuern   116
        12.1.3 Logistik-Controlling –
               Einhalten von Zusagen prüfen   117
   12.2 Verpackungslogistik – Um die Ware herum   120
        12.2.1 Warum Verpacken?   120
        12.2.2 Verpackungs-Controlling –
               Realisierungsgrad messen   123
   12.3 Verfügbarkeit – für den Nutzer   125

13. Lieferantenbeziehungen managen   128
   13.1 Lieferanten – Wie definiert man „Partner"?   128
   13.2 Optimierung der Lieferanten-Anzahl   130
   13.3 Langfristige Verträge – Partnerschaften   134
   13.4 Lieferantenwechsel steuern – Verkrustungen aufbrechen   136
   13.5 Entwicklungslieferanten – Know-how-Integration   138

14. Veränderungen im Beschaffungsverhalten   143
   14.1 Psychologische Hemmnisse   143
   14.2 Global Sourcing – Grenzen überwinden   143
        14.2.1 Chancen und Risiken   143
        14.2.2 Umdenken durch Controlling fördern   145
   14.3 Internet-Auktionen – Virtuelle Märkte schaffen   146
        14.3.1 Grundsätzliches zur Internet-Auktion   146
        14.3.2 Ablauf einer Internet-Auktion   148
        14.3.3 Controlling für Internet-Auktionen   152

15. Versorgungssicherheit – Was geschieht, wenn ...   156
   15.1 Ausfall von Lieferanten   156
   15.2 Controlling Versorgungssicherung   158

16. Mitarbeiter – Menschliche Ressourcen   161
    16.1   Die Grundaussage   161
    16.2   Mitarbeiter-Information   161
    16.3   Weiterbildung von Mitarbeltern   163
    16.4   Messen und Ausstellungen – Schaufenster der Welt   165
    16.5   Besuche bei Lieferanten – Information vor Ort   166

17. Einkauf im Projekt – Back to Back   169
    17.1   Die Besonderheiten im Projektgeschäft   169
    17.2   Preisvergleich bei „unterschiedlichen" Komponenten   169
    17.3   Lieferanten- und Kundenkonditionen   170

18. Risiko-Management   173
    18.1   Grundsätzliche Überlegungen   173
    18.2   Währungs-Hedging   174
    18.3   Rohmaterial-Hedging   177

19. Wertanalyse mit Lieferanten   184
    19.1   Rationalisierung und Wertanalyse   184
    19.2   Ablauf der Wertanalyse   185
    19.3   Wertanalyse mit Lieferanten   187
    19.4   Wertanalyse-Controlling   188

20. Target Costing – Zielkosten anstreben   193
    20.1   Handeln statt jammern!   193
    20.2   Kosten planen und erreichen   194

21. Reporting im Einkauf   197
    21.1   Eins nach dem anderen – Zuerst das Controlling   197
    21.2   Wann und für wen?   200

22. Und dann? – Die Zukunft des Controlling   201
    22.1   Sprüche – Ein bisschen Wahrheit   201
    22.2   Selbst ist der Einkauf – Controlling vor Ort   202

Verzeichnis der Abbildungen

1	Management by Delegation	17
2	Management by Objectives	19
3	Negativ-Beispiel Management by Objectives (Wachdienst)	20
4	Negativ-Beispiel Zielvereinbarung (Wareneingang)	24
5	Negativ-Beispiel Zielkoordination	28
6	Positiv-Beispiel Zielkoordination	29
7	Benchmarking von Funktionen und Prozessen	34
8	Portfolio-Analyse Versorgungsrisiko	36
9	„Risiko"-Analyse	40
10	Portfolio-Verschiebung	42
11	Lieferantenbewertungssystem (einfaches Verfahren)	46
12	Lieferantenbewertungssystem (aufwendiges Verfahren)	47
13	Lieferantenbewertung (Tabelle)	49
14	Lieferanten-Controlling	53
15	Mitarbeiter-Controlling	54
16	Controlling DIN/ISO 9000-Zertifizierungen	57
17	Ziel-Überprüfung Preisentwicklung (1)	66
18	Ziel-Überprüfung Preisentwicklung (2)	68
19	Ziel-Überprüfung Preisentwicklung Wiederholmaterial nach Einkäufern	69
20	Ziel-Überprüfung Projektmaterial	71
21	Ziel-Überprüfung Einkaufsprojekte	73
22	Ziel-Überprüfung Einkaufsergebnisse	75
23	Controlling Just-in-Time-Vereinbarungen	80
24	Ablauf einer Bestellung über Kostenstellenmaterial	83
25	Ist-Aufnahme Bestellablauf	84
26	Händler-Konzepte	86
27	Materialversorgung (Kleinmaterial)	87
28	Beispiel einer Auswertungsstruktur	91
29	Ablauf einer Bestellung im Fall einer Purchasing Card-Abwicklung	92
30	Entfallende Prozessschritte im Fall einer Purchasing Card-Abwicklung	93
31	TOP 50 Liste	96
32	Fragenkatalog „Nutzer"	100
33	Fragenkatalog „Lieferant"	101
34	Auswertung Fragenkataloge	102

35	Entwicklung der Lieferzeiten	105
36	Soll-Ist-Vergleich Lieferzeiten	107
37	Ziel-Überprüfung Bestände	109
38	Rollierende Planung	111
39	Beispiel rollierende Planung (Soll-Ist-Vergleich)	112
40	Controlling Transport-Logistik	116
41	Controlling Speditionsvereinbarungen (Laufzeit in Tagen)	119
42	Ablaufplan Verpackung: Einwegverpackung	121
43	Ablaufplan Verpackung: Mehrwegverpackung (KLT)	123
44	Controlling Mehrwegverpackung	124
45	Entwicklung der Anzahl Lieferanten (Lieferantenpyramide)	131
46	Controlling Anzahl Lieferanten	134
47	Controlling Abschluss von Langfristverträgen	136
48	Controlling Lieferantenwechsel	138
49	Vergleich konventionelle Entwicklung und Lieferanten-Integration in die Entwicklung	139
50	Controlling Entwicklungs-Lieferanten	141
51	Controlling realisierte Lieferanten-Integration (Entwicklung)	142
52	Controlling Global Sourcing	146
53	Beschreibung eines Auktionsgegenstands	148
54	„Spielregeln" für eine Auktion	150
55	Internet-Seite einer konkreten Internet-Auktion	151
56	Erfolgsrechnung Internet-Auktion	153
57	Controlling Internet-Auktionen	155
58	Controlling Versorgungssicherung	160
59	Controlling Mitarbeiter-Weiterbildung	165
60	Controlling Lieferantenbesuche	168
61	Preiscontrolling im Anlagengeschäft	170
62	Controlling Durchstellen von Kundenkonditionen	172
63	Wechselkursentwicklung	175
64	Controlling Währungssicherung	177
65	Preisentwicklung Rohmaterial	178
66	Kalkulation Hedging-Effekte	181
67	Mengen-Controlling Hedging	182
68	Controlling Ergebniseinfluss Hedging	183
69	Beispiel für ein Wertanalyse-Team	187
70	Beispiel für einen Abschlussbericht Wertanalyse-Team	189
71	Beispiel für Jahresbericht Wertanalyse	192
72	Target Costing im Anlagengeschäft	195
73	Beispiel Liniendiagramm: Preisentwicklung Edelstahl	199

Vorwort zur 2. Auflage

Es ist eine alte Binsenweisheit: Mit Einkaufscontrolling ist nicht die Vorstellung zu verbinden, dass irgendetwas oder irgendjemand „unter Kontrolle" gestellt wird. Der Grundgedanke ist vielmehr, den Prozess von der Zielfindung bis zur Abweichungsanalyse zu steuern. Alle Ziele müssen messbar sein und in jedem Falle gekoppelt mit einer logischen Folge von operativen Maßnahmen.

Doch obwohl Bedeutung und Verantwortung des Supply Chain Management in den vergangenen Jahren rasant zunahmen, blieben Transparenz und Messbarkeit seiner Prozesse auf der Strecke. Was sich in der Praxis findet, ist häufig lediglich eine ungeordnete Ansammlung von Kennzahlen, die nicht systematisch erstellt wurden, sondern sich über die Jahre hinweg im Unternehmen eher zufällig angehäuft haben. Dieser Mangel hat gravierende Folgen: Er erschwert eine fundierte und zielgerichtete Entscheidungsfindung, da notwendige Informationen nicht oder nicht rechtzeitig bereitgestellt werden können. Ein beklagenswerter Zustand.

Eine Ansammlung von Kennzahlen ist somit noch nicht gleichzusetzen mit einem Einkaufscontrolling, das konstruktive Entscheidungen ermöglicht. Der Verfasser des nunmehr in der zweiten Auflage erscheinenden Fachbuches aus der Schriftenreihe „Einkauf / Materialwirtschaft" hat daher bewusst an einer Vielzahl von richtungsweisenden Beispielen die Komplexität eines Controllingprozesses dargestellt. Fazinierend ist die Palette der aus der Praxis gegriffenen Fälle, die verdeutlichen, dass Einkaufscontrolling – richtig verstanden und umgesetzt – ein unverzichtbares Instrument in der Hand eines jeden Einkäufers sein sollte.

Der Autor verfügt aufgrund seiner jahrzehntenlangen Erfahrungen als Einkaufsleiter und Supply Chain Manager in einem weltweit agierenden Konzern über einen reichhaltigen und differenzierten Erfahrungsschatz. Gerade in einem zunehmend komplexen und dynamischen Unternehmensumfeld ergeben sich notwendigerweise modifizierte oder neue Ansätze für Controllingaktivitäten im Einkauf. Verständlich daher die Absicht des Autors, die zweite Auflage des Fachbuches in überarbeiteter und erweiteter Fassung auf den Markt zu bringen. Man kann nur hoffen, dass sich diese Intention im weitesten Sinne des Wortes „auszahlt".

Der Herausgeber Horst Hartmann
November 2008

Vorwort zur 1. Auflage

Veränderungen ergeben sich nicht zufällig; sie müssen herbeigeführt werden. Dies gilt für eine intensivierte Lieferantenintegration ebenso wie für die verschiedenen Möglichkeiten des E-Procurement. Nach einem alten Sprichwort ist der Weg zur Hölle mit guten Vorsätzen gepflastert.

Für den Einkauf gilt diese Aussage in mindestens gleicher Härte und Deutlichkeit wie für das Privatleben. Vor diesem Hintergrund reicht es also nicht aus, nur gute Ideen zu haben. Sie müssen auch in der gebotenen Geschwindigkeit sicher realisiert werden. Dazu sind Strategien, Umsetzungspläne und Erfolgsmessung erforderlich. Es muss also Controlling stattfinden.

In diesem Fachbuch soll aufgezeigt werden, wo Möglichkeiten für signifikante Verbesserungen zu suchen sind, wie diese erschlossen werden können und wie der Erfolg gemessen werden kann. Diese drei Faktoren sind Grundvoraussetzungen für ein Einkaufscontrolling. Ein solches Controlling ist weit mehr als Kostenkontrolle oder Budget-Vergleich. Mit diesem Führungsinstrument wird Erfolg planbar, bleibt nicht mehr dem Zufall überlassen. Ideen werden zu konkreten Zielen, deren Erreichung messbar ist.

Auch wenn moderne Controllinginstrumente kein Garant für den Erfolg im Einkauf sind, so werden sie doch immer mehr zur Voraussetzung dafür. Diesem Fachbuch aus der Feder eines kompetenten Praktikers ist daher eine interessierte und erfolgsorientierte Leserschaft innerhalb und außerhalb des Einkaufs zu wünschen. Es bietet zahlreiche Know-how-Tools und Realisierungsszenarien zur Vertiefung der persönlichen und fachlichen Interessenschwerpunkte.

Überlingen, im Mai 2003
Horst Hartmann

1. Controlling

1.1 Begriffsdefinition – Von der Kontrolle zur Führung

Der englische Begriff „Controlling" wird auch heute noch häufig in die Nähe des deutschen Begriffes „Kontrolle" gerückt. Der ähnliche Klang lässt entsprechende Inhalte vermuten. Der Grundansatz ist jedoch ein anderer. Während „Kontrolle" stets ein operativer Akt ist, der allenfalls in Zusammenhang mit einer übergeordneten Strategie zu sehen ist, kommt „Controlling" stets strategische Bedeutung zu.

Der Begriff „Kontrolle" ist zudem mit negativen Attributen versehen. Sie wird als lästig, aufdringlich und oft als persönliche Einschränkung emp-funden, als Mangel an Vertrauen. Wenn auch die Notwendigkeit von Kontrolle nicht grundlegend abgestritten wird, so bleiben dennoch die negativen Attribute. Wer empfindet die Passkontrolle bei der Reise in ein anderes Land, die Ausweiskontrolle beim Betreten des Unternehmens, die Taschenkontrolle in einem Kaufhaus oder auch die Gepäckkontrolle beim Antritt eines Fluges als angenehm? Vielleicht sind Sinn und Zweck der Maßnahme zu verstehen und zu akzeptieren. Bestenfalls ist zu ver-stehen, dass die Maßnahme – wie im Beispiel der Kontrolle am Flugha-fen – der eigenen Sicherheit dient.

Im Rahmen einer Kontrolle kann stets nur die Übereinstimmung einer Sache mit der Vorgabe festgestellt werden. Dies gilt unter anderem auch für die Wareneingangskontrolle. Auch diese folgt dem Verhinderungs-prinzip. Der Durchschlupf fehlerhafter Materialien soll verhindert werden. Eine präventive, strategische Wirkung geht allenfalls von der Abschre-ckung aus – wie bei der Passkontrolle.

„Controlling" hingegen beschreibt nicht etwa einen isolierten Vorgang, sondern einen strategischen Prozess. Dieser beinhaltet im Wesentlichen drei Phasen, und zwar

→   Zielfestlegung
→   Überwachung
→   Abweichungsanalyse

In der ersten Phase entstehen Ziele und Messgrößen, die während der zweiten Phase permanent auf Fortschritt und Realisierbarkeit beobachtet werden. In der dritten Phase werden die eingetretenen Abweichungen analysiert, um hieraus zu lernen und Konsequenzen für die Zukunft zu ziehen.

Damit wird ein weiteres Unterscheidungsmerkmal deutlich. Kontrolle orientiert sich stets an der Vergangenheit, z. B:

➜   Hat der Lieferant falsche Teile geliefert?

Controlling ist hingegen stets zukunftsorientiert. Dort stellen sich die Fragen z. B:

➜   Was wollen wir – künftig – erreichen?
➜   Wie stellen wir die Erreichung dieser Ziele sicher?
➜   Was müssen wir künftig besser machen?

Während die Frage zur Kontrolle für sich betrachtet nur Basis für Statistik sein kann, aus der dann weitere Schritte abgeleitet werden müssten, zeigen die Fragen zum Controlling sofort in die – bessere – Zukunft. Vor diesem Hintergrund ist Controlling ein zukunftsorientiertes und ein zielorientiertes Führungsinstrument.

Ein derartiges Instrument ist auch in Einkauf, Beschaffung, Materialwirtschaft, Supply Management – wie auch immer diese Funktion beschrieben oder benannt sein mag – dringend erforderlich.

1.2 Grundsätze zum Vorgehen

Für jedes Controlling ist ein einheitliches Vorgehen angezeigt. Gleichartige Vorgänge werden stets in gleicher Art und Weise behandelt. Änderungen werden systematisch betrieben. Wenn sie erforderlich sind, werden sie konsequent durchgeführt. Gleiche Berichte sollen stets in gleicher Art und Weise erfolgen – auch wenn unterschiedliche Mitarbeiter berichten. Eine „persönliche Note" ist in diesem Zusammenhang eher verwirrend.

Controlling soll helfen, den notwendigen Überblick zu gewinnen und zu erhalten. Es soll nicht die Durchführung der eigentlichen Aufgaben be-

oder gar verhindern. Nicht zuletzt vor diesem Hintergrund muss der zu betreibende Aufwand in vertretbaren Grenzen gehalten werden. Nach Möglichkeit soll auf bereits vorhandene Daten bzw. Auswertungen zurückgegriffen werden. In vielen Fällen existieren Basisdaten oder Basisauswertungen bereits, so dass auf diesen aufgebaut werden kann.

Einkaufscontrolling darf nicht mit dem Erstellen einer Bilanz verwechselt werden. Das Controlling soll Überblick verschaffen. Dazu ist ein Ergebnis bis auf den letzten Euro oder Dollar genau nicht erforderlich. Aufwand und Nutzen müssen in vertretbarer Relation stehen. Perfektionismus erhöht lediglich den Aufwand, nicht jedoch die Aussagekraft.

Die zulässige Ungenauigkeit darf hingegen nicht mit mangelnder Transparenz verwechselt werden. Das Verfahren muss für alle Beteiligten transparent sein. Sie müssen es verstehen und vor allem akzeptieren. Einkaufscontrolling, das vom Unternehmens-Controlling weder verstanden noch akzeptiert wird, kann bei der Geschäftsführung keine Akzeptanz erwarten. Selbst wenn vom Unternehmens-Controlling keine Leitlinien vorgegeben werden, muss zumindest Akzeptanz gegeben sein. Es muss Konsequenz geben, was wie und wann ermittelt wird. Das Ergebnis muss verifizierbar sein. Controlling ist keine Glaubensfrage. Nur wenn die ermittelten Werte nachvollziehbar sind, ist der Begriff „Controlling" angemessen. Dies gilt für die Ausgangssituation in gleicher Weise wie für den Prozess und die Ergebnisse der Bemühungen.

1.3 Operatives und strategisches Controlling

Ansätze für Controlling können sowohl operativ als auch strategisch sein. Während operatives Controlling relativ weit verbreitet ist, wird vom strategischen Controlling weniger Gebrauch gemacht. Das operative Controlling bezieht sich meist auf das Messen finanzieller (monetärer) Werte. Es reicht von der Kostenkontrolle auf der Kostenstelle bis hin zur laufenden Kostenkontrolle bei Kundenaufträgen. Selbst die Planung und das Controlling von Preisveränderungen haben eher operativen Charakter.

Das strategische Controlling befasst sich weniger mit monetären Messgrößen. Vielmehr soll mithilfe spezifischer Messgrößen die Umsetzung von Strategien sichtbar gemacht werden. So ist die Reduzierung der Anzahl Lieferanten kein Wert an sich. Die sich aus der Optimierung der Anzahl der Lieferanten ergebende Reduzierung kann aber als Indiz für die

Intensivierung der Zusammenarbeit mit (strategischen) Lieferanten angesehen werden. Gleiches gilt für die Anzahl langfristiger Verträge bzw. des hierdurch repräsentierten Einkaufsvolumens.

Die Anzahl der Entwicklungslieferanten ist ebenfalls eine Messgröße, jedoch kein Wert an sich. Die Messgröße bzw. deren Entwicklung zeigt jedoch den Grad der Einbeziehung von Lieferanten in die eigene Entwicklung auf. Entsprechendes gilt für die Anzahl gemeinsam mit Lieferanten entwickelter Teile. Ein direkt messbarer positiver Einfluss auf das Unternehmensergebnis geht aus diesen Zahlen noch nicht hervor. Er ist jedoch als sicher anzunehmen.

Auch wenn das strategische Controlling mitunter keinen direkten kurzfristigen Einfluss auf das Unternehmensergebnis erkennen lässt, so ist es dennoch unverzichtbar. Es ist zielführend für die Strategie und deren Umsetzung. Somit ist es vor allem für die mittel- und langfristige Entwicklung des Unternehmens von großer Bedeutung. Diese muss von allen Beteiligten mitgetragen und mitverantwortet werden. Auch aus diesem Grund sollte ein kombiniertes strategisch-operatives Controlling zum Einsatz kommen.

1.4 Management by Delegation – Kompetenz und Verantwortung

Lange Zeit war in Deutschland die Führung von Mitarbeitern durch fallweise Anweisungen geprägt. Erst nach und nach konnte sich das Delegationsprinzip (Management by Delegation) durchsetzen. Wesentlichen Anteil an der Verbreitung dieser damals revolutionären Management-Strategie hat die Akademie für Führungskräfte der Deutschen Wirtschaft, Bad Harzburg (Harzburger Modell).

Management by Delegation geht davon aus, dass alle Verantwortung zunächst bei der Unternehmensführung liegt. Von hier ausgehend wird diese über die einzelnen Hierarchieebenen im Unternehmen bis auf die einzelnen Mitarbeiter heruntergebrochen. Der jeweilige Vorgesetzte gibt definierte Teile seiner Verantwortung an bestimmte Mitarbeiter weiter, bleibt jedoch in der Summe verantwortlich. Nach diesem Prinzip werden Kompetenz und Verantwortung in gleicher Weise und in gleichem Umfang delegiert (siehe Abbildung 1). Dieses Grundprinzip hat sich bewährt und findet sich in vielen abgeleiteten und verbesserten Management Strategien wieder.

Management by Delegation

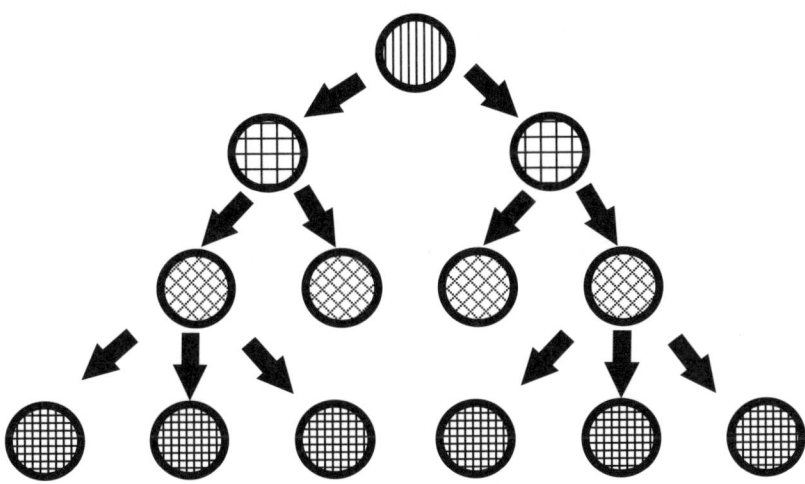

➡ **Delegation von Kompetenz und Verantwortung**
➡ **Dienstaufsicht**

Abbildung 1

Wer Kompetenz und Verantwortung auf Dritte überträgt, bleibt selbst aber – in der Summe – verantwortlich. Er muss sicherstellen, dass die Aufgaben in seinem Sinn erledigt werden. Die Folge hiervon sind detaillierte Vorschriftenwerke, die über Stellenbeschreibungen bis hin zu Einkaufs- oder Materialwirtschaftshandbüchern reichen. Die Überschneidung mit anderen Richtlinien wie Qualitätshandbuch oder Organisationshandbuch bleibt nicht aus. Insbesondere in großen, komplexen Unternehmen sind Widersprüche an der Tagesordnung. Gleiches gilt für Ausnahmen von der Regel. Die Neigung, alle Abläufe möglichst präzise zu beschreiben, alle Entscheidungsfälle im Voraus zu bestimmen, findet ihre natürliche Grenze in der Komplexität großer Unternehmen. Selbst Datenverarbeitungsgiganten stoßen hierbei an die Grenzen ihrer Leistungsfähigkeit. Detaillierte Vorgabe von Abläufen und anschließende Dienstaufsicht muss demzufolge nicht unbedingt zum Optimum führen. Lebt dieses Prinzip doch nicht zuletzt von der Annahme, dass die unbedingte Befolgung der Weisung Top-Down zum optimalen Ergebnis führt. Eine Abweichung hiervon führt demzufolge zum Misserfolg, wenn nicht gar zu Anarchie und Chaos. Nach diesem Prinzip muss immer noch die öffentliche Verwaltung funktionieren.

1.5 Management by Objectives – Führen mit Zielen

Delegation von Kompetenz und Verantwortung ohne nennenswerte Spielräume hat sich nur bedingt bewährt. Vorschriften sollen stets Mittel zum Zweck, nie Selbstzweck sein. – Bei manchen Vorschriften ist dies allerdings nicht immer auf Anhieb zu erkennen. – Vorschriften sollen die Erreichung eines bestimmten Zustandes, eines Ziels sichern oder zumindest erleichtern. Vor diesem Hintergrund macht es Sinn, zunächst dieses Ziel aufzuzeigen und hernach die Umstände zur Zielerreichung (Regeln, Vorschriften) zu beschreiben. Damit rückt das Ziel in den Vordergrund, die Vorschrift wird zu einem zu beachtenden Umstand.

Die Verantwortung für jeden einzelnen in der Hierarchie-Kette nimmt damit zu. Aus der Verantwortung für die Einhaltung der Vorschriften ist eine Verantwortung für das Ergebnis geworden. Das Regelwerk muss hierzu die notwendigen Entscheidungsfreiräume offen lassen. Innerhalb dieser Grenzen wird auf möglichst niedrigem, aber sachlich nahem Niveau zeitnah und zielorientiert entschieden. Damit werden objektivierte Einzelentscheidungen möglich gemacht, die jedoch – infolge der Eingrenzung durch das Regelwerk – in das Gesamtkonzept passen. Damit kann der Sachverstand der jeweils zuständigen Mitarbeiter ergebnisorientiert genutzt werden. Das Regelwerk fällt weniger komplex aus; Widersprüche sind leichter zu vermeiden.

18

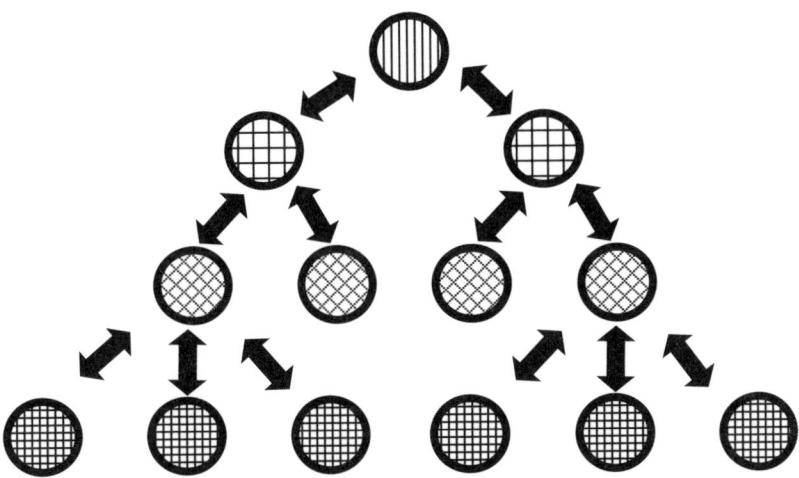

Management by Objectives

→ **Zielvereinbarungen über alle Hierarchie-Ebenen**
→ **Rückmeldung der Ergebnisse**
→ **Messbarkeit des Zielerreichungsgrades**

Abbildung 2

Während im Fall Management by Delegation die Haupt-Informations-richtung Top-Down verläuft, lebt Management by Objectives vom Informationsaustausch (siehe Abbildung 2). Es gibt auch ein Bottom-Up:

→ Bestimmte Ziele werden vereinbart.

→ Die Zielerreichung wird – gemeinsam – überwacht.

→ Abweichungen werden diskutiert.

Während beim ursprünglichen Management bei Delegation die Aus-übung von Dienstaufsicht (= Kontrolle) ausreicht, ist Management by Objectives ohne geeignetes Controlling kaum vorstellbar.

Management by Objectives setzt messbare Ziele voraus. Betrachten wir diese Möglichkeit am Beispiel „Wachdienst".	
Aufgabenstellung:	Herstellen von Sicherheit
	Vermeidung von Einbrüchen
Durchführung:	Kontrollgänge innerhalb des Unternehmens
Mögliches Ziel:	Anzahl Einbrüche/Diebstähle
Problem:	Nach Möglichkeit sollen Einbrüche/Diebstähle vermieden werden. Weniger als „keine Einbrüche/Diebstähle" ist nicht zu messen.
Alternative:	Anzahl verhinderter Einbrüche/Diebstähle
Problem:	Nicht stattgefundene Einbrüche/Diebstähle lassen sich nicht messen, es sei den, der Einbrecher wird auf frischer Tat ertappt, eine eher unwahrscheinliche Variante.
Hilfsziel:	Anzahl Kontrollgänge
Problem:	Die Anzahl der Kontrollgänge lässt nur bedingt Rückschlüsse auf eine dadurch entstehende – erhöhte – Sicherheit zu. Eilige, damit hektische Rundgänge werden eher zu weniger Aufmerksamkeit führen und somit zu weniger Sicherheit. Damit scheidet auch das Hilfsziel aus.
Fazit:	Nicht immer ist es möglich, geeignete – messbare – Ziele zu definieren. Die Prüfung muss jedoch in jedem Einzelfall und sorgfältig vorgenommen werden. Neben dem eigentlichen Ziel sind stets auch Hilfsziele heranzuziehen, die als Indikatoren für die Zielerreichung genutzt werden können.

Abbildung 3

Aus den vorstehenden Erläuterungen geht hervor, dass Management by Objectives die zu bevorzugende Form der Mitarbeiter-Führung ist. Sie sollte immer dann angewendet werden, wenn dies möglich und sinnvoll ist. Leider stößt auch ein zu bevorzugendes Führungsinstrument bisweilen an seine Grenzen. So wird es z. B. beim Wachdienst nicht ohne weiteres möglich sein, diesen mittels Management by Objectives zu führen. Dies wird in Abbildung 3 verdeutlicht.

1.6 Ziele – Orientierung im Alltag

1.6.1 Zielvorgaben : Zielvereinbarungen

Niemand irrt freiwillig ziellos durch die Welt. Dennoch müssen viele Menschen an ihren Arbeitsplätzen ohne konkrete Ziele auskommen. Ihnen sind weder Ziele vorgegeben, noch wurden diese mit ihnen vereinbart. Demzufolge ist ein Mitarbeiter, dem – hoffentlich erreichbare – Ziele vorgegeben wurden, schon recht gut „versorgt". Optimal ist diese Situation jedoch nicht.

Zielvorgaben schließen die Mitwirkung der betroffenen Mitarbeiter bei Bestimmung der Ziele und deren Quantifizierung aus. Damit wird auf wichtigen Input der wirklichen Experten verzichtet. Wer sollte eine Aufgabe und deren Möglichkeiten besser kennen als der betroffene Mitarbeiter? Wenn ein anderer die Stellgrößen und deren positive Veränderungsmöglichkeiten besser kennt als der betroffene Mitarbeiter, ist das ungewöhnlich, vielleicht gar bedenklich. Es bedeutet, dass ein anderer besser qualifiziert für die Aufgabe wäre. Ist dann der Platz richtig besetzt?

Besser ist eine Zielvereinbarung. Der optimale Weg, die „richtigen" Ziele zu finden und auszuwählen, kann nicht am betroffenen Mitarbeiter vorbeigehen. Der Mitarbeiter muss wissen, was seine Aufgabe ausmacht und wo die Stellgrößen für seinen Erfolg und damit den des Unternehmens liegen. Hauptaufgabe des Vorgesetzten bei der Zielfindung muss es sein, diese Stellgrößen mit übergeordneten Zielen zu koordinieren und mögliche Konflikte im Ansatz zu vermeiden.

Gleiches gilt für die Festlegung der Werte und Daten. Nach Möglichkeit sollen konkrete Ziele an Vergangenheitsdaten orientiert sein. Die Vergangenheitsdaten sind auf die Zukunft zu übertragen und hieraus Ziele abzuleiten. Der Vorgesetzte wird vor allem dafür Sorge tragen müssen, dass die Bemessung des Ziels anspruchsvoll genug ist, ohne unrealistisch zu sein. Unerreichbare Ziele sind kein Ansporn mehr!

Schon bei Vereinbarung der Ziele sind auch die Formen des Controlling mit Intervallen (z. B. monatlich oder vierteljährlich), Form und Inhalt zu vereinbaren. Die Form ist so zu wählen, dass auch der Mitarbeiter eigenständig in der Lage ist, den Zielerreichungsgrad zu messen.

Erfolgreiche Chefs haben stets erfolgreiche Mitarbeiter. Der Misserfolg des Mitarbeiters ist stets auch ein solcher für den Vorgesetzten. Es muss also das hohe Interesse des Vorgesetzten sein, den Mitarbeiter zum Erfolg zu führen. Dabei geht es nicht darum, dessen Arbeit zu tun. – Diese sollte der Mitarbeiter eigentlich besser tun können als sein Vorgesetzter! – Der Mitarbeiter soll aber alle erforderlichen Hilfen erhalten, die ihn erfolgreich machen. Dies ist der vorwiegende Sinn und Zweck eines zielorientierten Controlling.

Hieraus folgert, dass Zielvereinbarungen mit Mitarbeitern auf allen Hierarchieebenen Sinn machen. Anspruchsvolle Ziele auf der obersten Ebene werden nur dann Wirklichkeit, wenn sie auf den nachgelagerten Ebenen ankommen. Jeder muss sich im gemeinsamen Ziel wiederfinden. Er muss bereit und in der Lage sein, seinen Anteil hieran zu erkennen. Viele große Vorhaben scheitern nicht etwa, weil sie schlecht sind. Sie kommen nicht bei den Leistungsträgern der unteren Ebenen an.

In vielen Unternehmen werden Unternehmensziele – wenn überhaupt – nur bis auf die Abteilungsleiterebene heruntergebrochen. Mitarbeiter der folgenden Ebenen werden allenfalls informiert. Damit wird die Chance vertan, Mitarbeiter in die Zielorientierung einzubinden. Jedes Ziel ist leichter zu erreichen, wenn möglichst viele ihren Anteil daran erkennen und sich entsprechend verhalten. Andernfalls besteht die Gefahr, dass anspruchsvolle Ziele zu „netten Ideen der Chefs" verkommen.

1.6.2 Ziele-Systematik

„Ziele" unterscheiden sich von „guten Vorsätzen" durch ihre Messbarkeit. Demzufolge ist der Zielerreichungsgrad stets nachvollziehbar. Ein Ziel muss klar und eindeutig sein. Die Ziel-Systematik ist dreigestaltig. Sie besteht aus

→ Zieldefinition
→ Strategie
→ Methode

Allen Beteiligten muss klar sein, welches Ziel erreicht werden soll. Die Definition muss so eindeutig sein, dass keine Missverständnisse auf-

kommen können. Dies gilt nicht nur für den Zeitpunkt der Zielvereinbarung. Die kritische Phase ist vielmehr erreicht, wenn über Zielerreichung – oder Nicht-Zielerreichung – diskutiert wird. Für Ziele des Einkaufs ist dringend angeraten, Übereinstimmung mit Controlling und
Geschäftsleitung herbeizuführen. Unter Umständen wird hierbei ermittelt,
dass weitere Bereiche einzubinden oder zumindest zu informieren sind.

Als nächstes stellt sich die Frage, wie das Ziel erreicht werden soll. Welche Strategie soll angewendet werden? Schließlich soll mit der Erreichung dieses einen Ziels nicht der Betriebsfrieden gestört und die Erreichung anderer Ziele unmöglich gemacht werden.

Die Methode zur Umsetzung der Strategie ist als nächstes zu klären.
Handelt es sich um eine Einzelaufgabe, die allenfalls in Abstimmung mit
anderen zu bewältigen ist, oder ist vielmehr ein funktionsübergreifendes
Vorgehen gefragt, das ein entsprechendes Team erfordert? Weiterhin
stellt sich die Frage, in wie weit eine Systemunterstützung gegeben ist
oder herbeigeführt werden kann.

1.6.3 Zielbeschaffenheit

Ziele machen nur dann Sinn, wenn sie tatsächlich etwas bewirken. Dazu
müssen die Ziele einigen Voraussetzungen entsprechen, und zwar

→ Die Zielvereinbarungen müssen mit dem Mitarbeiter getroffen werden, in dessen Zuständigkeitsbereich sie fallen.

→ Er muss die Chance haben, in eigener Kompetenz auf sie einzuwirken. Eine mittelbare Verantwortung reicht hierzu nicht aus.

→ Der Gegenstand der Vereinbarung muss durch geeignete Maßnahmen veränderbar sein.

→ Die Veränderung muss messbar sein.

→ Die Veränderung muss zumindest wünschenswert sein im Sinne
   des Unternehmens.

→ Zu vereinbarende Ziele müssen anspruchsvoll, aber realistisch
   sein.

Die Reihenfolge der vorgenannten Punkte ist beliebig veränderbar. Dies
ändert nichts an dem Gewicht jedes einzelnen Punktes. Alle Punkte sind
KO-Kriterien. Trifft einer dieser Punke nicht zu, ist die Zielvereinbarung
unzulässig – oder unwirksam. Die Problematik wird mit Abbildung 4 am
Beispiel „Anzahl Wareneingänge" verdeutlicht.

Negativ-Beispiel: Zielvereinbarung (Wareneingang)

Die Vereinbarung von Zielen ist an verschiedene Kriterien gebunden, die ausnahmslos erfüllt sein müssen. Andernfalls ist die Zielvereinbarung gegenstandslos. Dies kann hier am Beispiel Wareneingang nachvollzogen werden.

Zielvereinbarung:	Optimierung Anzahl Wareneingänge Hierdurch Reduzierung von Abwicklungsaufwand in Wareneingang, Wareneingangskontrolle, Lieferantenbuchhaltung, usw.
Person:	Leiter Wareneingang
Zuständigkeit:	Wareneingänge finden im Wareneingang statt
Veränderbarkeit:	Die Anzahl Wareneingänge ist nicht zwingend vorgegeben, also durch geeignete Maßnahmen veränderbar.
Messbarkeit:	Die Anzahl der Wareneingänge kann gezählt werden, ist also messbar.
Positives Ziel:	Durch Optimierung der Anzahl Wareneingänge kann Abwicklungsaufwand reduziert werden. Dies ist ein positiver Effekt im Sinne des Unternehmens.
Realisierbarkeit:	Da Vergangenheitsdaten zur Verfügung stehen, sollte die Vereinbarung realistischer Ziele kein ernsthaftes Problem darstellen.
Kompetenz:	Wenn die Wareneingänge bereits stattfinden, ist eine Beeinflussung nicht mehr möglich. Zu diesem Zeitpunkt kann nur noch die Annahme der Lieferung erfolgen. Geeignete Maßnahmen müssen früher ansetzen, z. B. bei der Bestellung oder dem Abschluss des übergeordneten Vertrages. Dies fällt aber nicht in die Kompetenz des Wareneingangsleiters.
Fazit:	Die vorgesehene Zielvereinbarung ist unzulässig. Wenn dieses Ziel als wichtig erkannt ist, muss es mit den tatsächlich verantwortlichen Personen vereinbart werden, z. B. dem Einkaufsleiter.

Abbildung 4

1.6.4 Zielauswahl

Die Auswahl der Ziele muss sorgfältig geschehen. Gerade in Sachen Einkauf sind sonst leicht falsche Richtungen vorgegeben. Um die „richtigen" Ziele vereinbaren zu können, muss man sich der wertschöpfenden Stellgrößen bewusst sein. Dazu muss man sich von manchen traditionellen Vorstellungen lösen.

Das Messen von „Einsparungen" ist sicher sehr wichtig. Hierzu müssen jedoch klare und akzeptierte Regeln vorhanden sein. Die Beschränkung auf monetäre Größen wird jedoch dem Anspruch, – möglichst alle – wesentlichen wertschöpfenden Stellgrößen zu messen, nicht gerecht. Wenn aus intensivierter Lieferantenintegration Vorteile gezogen werden sollen, muss auch diese gemessen werden. Es handelt sich hier aber um eine qualitative, nicht um eine quantitative Größe. Sie verschließt sich also einer direkten Messung. Daher müssen Mittel und Wege gefunden werden, die Veränderung der Lieferantenintegration zu indizieren. Die Veränderung wird mithilfe von quantifizierbaren Hilfszielen gemessen wie sie im folgenden beschrieben sind.

Es ist gezielt darauf zu achten, keine überflüssigen Statistiken zu produzieren. So sagt heute das Verhältnis „Anfragen/Angebote : erteilte Bestellungen" kaum noch etwas aus. Der Trend zu Rahmenvereinbarungen, zu strategischen Lieferanten, Händler-Konzepten und ähnlichen Strategien lässt aus einer relativ hohen Anfragetätigkeit keine positiven Rückschlüsse mehr zu. Eher ist das Gegenteil der Fall. Ein solches Ziel wäre kontraproduktiv.

Ähnliches gilt für Bonusvereinbarungen. Grundsätzlich sind Preisnachlässe von Lieferanten positiv zu beurteilen. Boni sind aus einem besonderen Blickwinkel zu betrachten. Hier handelt es sich um nachträglich gewährte Nachlässe. Dies führt auf beiden Seiten zu Mehraufwand. Ein Ziel könnte allenfalls sein, bestehende Bonusvereinbarungen in Direkt-Nachlässe, also Rabatte bzw. niedrigere Preise umzuwandeln.

Konsignationslager haben den Charakter kostenloser Warenkredite. Sollten sie daher ein bevorzugtes Ziel sein? Man darf sich von den vordergründigen Vorteilen (Zinsvorteilen) nicht blenden lassen. Der Zinsvorteil wird mit erhöhtem Aufwand an anderer Stelle (z. B. separater Lagerung, Abgrenzung gegenüber eigenen Beständen, etc.) zumindest teilweise kompensiert. Weiterhin ist dieser Vorteil kein Geschenk des Lieferanten. Mit hoher Wahrscheinlichkeit ist das Konsignationslager Kalkulationsbestandteil. Das Konsignationslager verstellt den Blick auf die Höhe der Bestände. Sie sind theoretisch nicht mehr vorhanden. Das gesamte

Handling hingegen bleibt. Mehr Sinn macht es, die Höhe der Bestände als solche anzugehen, sie möglichst überflüssig zu machen. Dies kann sehr wohl Gegenstand einer Zielvereinbarung sein.

Offenbar ist es nicht ganz einfach, die „richtigen" Ziele zu finden. Sie müssen aber gefunden werden. Positiv verändern sich nur gesteuerte Prozesse. Unbeobachtete Prozesse verändern sich eher negativ. Man kann sich nicht einmal darauf verlassen, dass sie konstant bleiben. Zufällige Veränderungen sind nur sehr selten positiv.

1.6.5 Ziele und Zeit

Alles hat seine Zeit. Dies gilt auch für Ziele. Es ist dringend darauf zu achten, dass Ziele in die Strukturen passen. Das operative Handeln muss von der kurzfristigen Zielsetzung geprägt sein und diese wiederum muss zu den mittel- und langfristigen Zielen passen. Das fällt nicht immer leicht. Strategische Ansätze zur langfristigen und vertauensvollen Zusammenarbeit mit Lieferanten sind leicht und schnell zu verkünden. Wenn der nächste Angebotsvergleich auf dem Tisch liegt, zeigt sich die tatsächliche Belastbarkeit der verkündeten Strategie. Wenn dann weiterhin nur noch der Preis die Vergabeentscheidung dominiert, wurden nur Worte gewechselt, nicht die Strategie. Diese wird erst wirksam, wenn sie wirklich und im Tagesgeschäft sichtbar ist. Eine Strategie muss sich wie ein roter Faden durch die Entscheidungsfindungen ziehen. Sie muss das Handeln bestimmen – über alle Hierarchieebenen hinweg.

Wer die Anzahl seiner Lieferanten optimieren will, muss die Zulassung neuer Lieferanten erschweren und den vorhandenen Lieferanten „das Leben schwer machen". Strategische Änderungen können niemals Zeit bis morgen oder gar bis zum nächsten Monat oder Jahr haben. Sie beginnen ab heute oder niemals. Nicht alle Ziele lassen sich in kürzester Zeit realisieren. Für die Erreichung mancher Ziele muss viel Geduld aufgebracht werden. Der Weg zur Zielerreichung muss jedoch klar sein, nicht nebulös.

Wer von 80 Prozent Termineinhaltung ausgeht, wird wohl kaum schon im nächsten Jahr die 100 Prozent erreichen. Ein solches Ziel wäre unrealistisch und somit kontraproduktiv. Es macht aber sehr wohl Sinn, für das kommende Jahr 85 Prozent oder gar 90 Prozent ins Auge zu fassen, um dann in bestimmten Schritten die 100 Prozent erreichen zu wollen. Dies erfordert Weitblick, Kraft und klare Vorstellungen, wie denn dieses hehre Ziel über die Zeit angegangen und realisiert werden soll.

1.6.6 Zielkoordination

Führen mit Zielen (Management by Objectives) gewinnt mehr und mehr an Bedeutung. Ziele dürfen jedoch im Unternehmen nicht isoliert betrachtet werden. Sie sind vielmehr im Gesamtzusammenhang zu sehen. Je nach Betrachtungsweise setzt sich das Unternehmensziel aus vielen Einzelzielen zusammen oder aber jedes Einzelziel muss sich im Unternehmensziel wiederfinden. Nur die bewusste Koordinierung und Konsolidierung der Einzelziele kann wirklich zum Erfolg führen. Die negativen Folgen mangelnder Zielkoordination können leicht anhand des Beispiels „Negativ-Beispiel Zielkoordination", das in Abbildung 5 dargestellt ist, nachvollzogen werden. Für sich betrachtet äußerst positive Ansätze zur Ergebnisverbesserung verpuffen oder verkehren sich ins Gegenteil.

Das schwierige „Puzzle" Unternehmen kann nur dann funktionieren, wenn alle Einzelteile (Funktionen) eng und passend miteinander verzahnt sind. Dies setzt eine Koordination über die Funktionsgrenzen hinweg voraus. Nicht zuletzt die Ziele müssen „passen". Dieser Koordinationsbedarf wird in vielen Unternehmen ignoriert, oder zumindest unterschätzt. Wo keine planmäßige Koordination der Einzelziele über die Funktionsgrenzen hinweg erfolgt – z. B. durch das Unternehmens-Controlling – ist eine selbstständige Abstimmung mit den betroffenen Bereiche (Funktionen, Abteilungen) dringend angeraten. Wie dies positiv erfolgen kann, zeigt das Beispiel „Positiv-Beispiel Ziel-Koordination" in Abbildung 6.

Negativ-Beispiel Zielkoordination

Unkoordinierte Zieldefinition einzelner Funktionen führt fast zwangsläufig zu Sub-Optimierung. Die für sich allein betrachtet positiven Ergebnisbeiträge führen nicht etwa zum Optimum für das Unternehmen, sondern sie erhöhen lediglich die Reibungsverluste. Dies wird an diesem Beispiel deutlich:	
Funktion	**Ziel**
Einkauf	Durch verstärktes Global Sourcing sollen die direkten Materialkosten (Preise) deutlich gesenkt werden. Demzufolge werden eine Reihe neuer Lieferanten zum Einsatz kommen. Optimierung von Logistik-Aufwand wird zu größeren Losgrößen führen. Diese sind jedoch gemessen an den zu erwartenden Einsparungen nahezu bedeutungslos.
Disposition	Die Höhe der gegebenen Bestände muss dringend reduziert werden. Die physische Lagerkapazität wie auch die Kapitalbindung erfordern dies. Durch kleinere Bestelllose und bedarfsnahe Disposition soll dies erreicht werden.
Qualitätsmanagement	Die Qualität der eigenen Produkte und als Voraussetzung hierfür die der Zulieferungen soll deutlich verbessert werden. Dazu soll die Wareneingangskontrolle zum Lieferanten verlagert werden. Qualitätssicherungsvereinbarungen mit bewährten Lieferanten sollen zu dramatischer Reduzierung der Qualitätskosten führen.
Fertigung	Zusammenfassung von Bedarfen soll zur Optimierung der (unproduktiven) Rüstzeiten führen. Die hieraus resultierende bessere Maschinennutzung kann teuere Investitionen vermeiden.
Versand	Konzentration auf nur zwei Versandtage/Woche führt zu finanziellen Vorteilen bei der Ausgangsfracht und hilft Überstunden zu vermeiden.
Vertrieb	Hereinnahme kurzfristiger Kundenaufträge – mit höheren Erlösen – soll das Auftragsergebnis verbessern. Dies erfordert mehr Flexibilität der anderen Beteiligten.

Abbildung 5

Positiv-Beispiel Zielkoordination

Nur koordinierte Zieldefinition einzelner Funktionen führt zu wirklicher Optimierung auf Unternehmensebene. Wie auch in der Summe positive Ergebnisbeiträge aussehen können, soll am folgenden Beispiel verdeutlicht werden:

Funktion	Ziel
Einkauf	Intensivierung von Global Sourcing bei gründlicher Lieferanten-Auswahl u. a. unter Einbeziehung des Qualitätsmanagements
Disposition	Differenzierte Bedarfsplanung in Abhängigkeit von den logistischen Möglichkeiten. Durch Bestandsreduzierung bei kurzfristig – aus dem Inland – zu beschaffenden Materialien wird Bestandsreduzierung durch Losgrößen-Reduzierung vorgenommen. Dadurch entsteht Kapazität für größere Lose aus Global Sourcing (Transport-Optimierung.
Qualitätsmanagement	Erarbeitung von Qualitätssicherungsvereinbarung mit – gemeinsam mit Einkauf – ausgewählten Lieferanten. Dies schließt präventive Qualitätssicherungsmaßnahmen mit z. B. asiatischen Lieferanten ein.
Fertigung	Sukzessive Optimierung der Fertigungslosgrößen in Abstimmung mit der Disposition. Zu erwartende Engpässe in der Übergangszeit werden mittels – abzufeiernder – Überstunden vermieden.
Versand	Glättung des Arbeitsanfalls und Optimierung der Ausgangsfrachten in Abstimmung mit Auftragssteuerung und Vertrieb.
Vertrieb	„Einstimmung" des Unternehmens auf kürzere Lieferzeiten für unsere Produkte. Durch qualifizierten Forecast sollen Engpässe in Fertigung und Beschaffung vermieden werden.

Abbildung 6

1.6.7 Balanced Score Card

Im vorausgegangenen Abschnitt wurde die Notwendigkeit der funktions-übergreifenden Zielkoordination erläutert. Eine Harmonisierung der einzelnen Ziele ist jedoch auch im eigenen Bereich dringend geboten. In der neueren Literatur wird hierzu von der „Balanced Score Card" gesprochen. Die Vorgabe eines einzelnen Ziels ist in aller Regel nicht ausreichend. Das Erreichen nur eines Ziels – unter Missachtung aller anderen Umstände – muss ebenso zur Sub-Optimierung führen wie mangelnde Absprache mit tangierten Bereichen.

Die Reduzierung von Preisen – direkten Materialkosten – mag ein wichtiges Ziel sein. Sich hierauf zu konzentrieren und die Versorgungssituation (Termin- und Qualitätssicherheit) völlig außer Acht zu lassen, ist hingegen sträflich. Die zu vereinbarenden Ziele müssen also harmonisch aufeinander abgestimmt sein. Welches Ziel zu bevorzugen ist, muss unternehmensspezifisch definiert werden. Hierzu gibt es keine allgemein gültige Aussage. Ein Unternehmen, das absatzseitig unter immensem Preisdruck steht, wird andere Prioritäten setzen als ein solches, das Termin- oder Qualitätszuverlässigkeit verbessern muss. Die unternehmensspezifischen Erfordernisse schlagen also bis auf die Zielvereinbarungen mit den einzelnen Mitarbeitern durch. Dies ist nicht Zufall, sondern strategisches Erfordernis.

Die Anzahl der Einzelziele hängt von den Erfordernissen ab, die miteinander harmonisiert werden müssen. Hierbei ist zu beachten, dass eine Fülle unterschiedlicher Ziele kaum zu harmonisieren ist. Mehr als fünf Einzelziele sind von einer einzelnen Person kaum zu managen. Die „Übererfüllung" auf in bezug auf ein Ziel darf nicht zu Lasten eines oder gar mehrerer anderer gehen. Ausgewogenheit ist gefragt!

1.7 Zuständigkeit und Transparenz

Einkaufscontrolling darf nicht mit Kostenstellen-Controlling verwechselt werden. Es handelt sich hier um ein Führungsinstrument, das vor allem auf der Abteilungs- und Mitarbeiterebene wirksam sein soll. Es darf kein „Buch mit sieben Siegeln" sein, dessen Inhalt weitgehend unbekannt ist und nur von wenigen Eingeweihten verstanden wird. Einkaufscontrolling ist weitgehend „Selbstcontrolling". Die betroffenen Mitarbeiter müssen ihre Ziele verstehen, sie verinnerlichen und sich mit ihnen identifizieren.

Sie müssen in der Lage sein, ihren Zielerreichungsgrad selbst zu ermitteln und vor allem zu verstehen. Auf der anderen Seite dürfen sie niemals ernsthaft in Versuchung geraten, die Zahlen und Fakten zu manipulieren.

Die Auswahl der Ansatzpunkte für ein wirksames Einkaufscontrolling müssen stets selbstbestimmt sein. Sie müssen in der Kompetenz des Einkaufs liegen. Wer sonst sollte beurteilen können, wo diese Ansatzpunkte zu finden sind? Natürlich müssen diese mit der Geschäftsleitung vereinbart werden. Dies sollte jedoch im Sinne eines Vorschlags von unten nach oben geschehen.

Es ist dringend geboten, für die Akzeptanz der Ziele und deren Controlling einzutreten. Wo erforderlich und sinnvoll, ist eine Verständigung mit anderen Funktionen herbeizuführen. Von besonderer Bedeutung ist die Akzeptanz durch das Unternehmens-Controlling. Gerade mit diesem ist eine hohe Übereinstimmung in der Sache herbeizuführen. Ist diese nicht gegeben, wird das Einkaufscontrolling stets infrage gestellt sein und bleiben.

2. Benchmarking – Vergleich mit anderen

2.1 Begriffsdefinition – Ein besonderes Kerbholz

Unter Benchmarking verstand man ursprünglich einen Vergleich mit einer Markierung, einer Kerbe. Inzwischen wird dieser Bergriff für einen unternehmensübergreifenden Vergleich verwendet. Der Vergleich mit dem Besten in einer bestimmten Sache wird gesucht. Meist geht es um einen Vergleich bei Prozessen oder Kosten. Kennzahlen werden verglichen.

Benchmarking zwischen Wettbewerbern macht meist wenig Sinn. Selbst zwischen dem Besten und dem Schlechtesten sind die Differenzen oft nur marginal. Der Beste in einem Prozess ist meist nicht in der gleichen Branche zu finden. Sehr oft suchen Wettbewerber gleiche oder gleichartige Lösungen. Ganz andere Wege, die Quantensprünge bedeuten, werden meist in anderen Branchen genutzt. In der eigenen Branche werden neue Wege in der Regel mit einem Schulterzucken als unrealistisch abgetan.

Die Welt lebt in Paradigmen. Mit anderen Worten sieht jeder die Welt durch seine eigene Brille und trägt seine eigenen Scheuklappen. Was außerhalb des Gesichtswinkels liegt, wird nicht wahrgenommen oder ignoriert. Die Schweizer Uhrenindustrie wurde durch ein solches Paradigma an ihrem Lebensnerv getroffen. Die digitale Uhr wurde von einem Schweizer erfunden. Genutzt wurde diese Erfindung jedoch erstmals in Japan. Von dort aus eroberten die digitalen Zeitmessgeräte die Welt. Für die Schweizer konnte ein Gerät ohne Feder, ohne Zeiger niemals eine Uhr sein. Mit dieser Auffassung war ihr Ende begründet. Die japanische Konkurrenz hatte nicht die gleiche Tradition und war demzufolge nicht vom gleichen Paradigma befangen. Die Folge war ein weltweiter Erfolg. Die Kunden ließen sich von dem neuen Zeitmesser überzeugen.

2.2 Vergleichen mit den Besten – Selbst-Controlling

Die Besten haben die besten Problemlösungen. Das Problem ist lediglich, sie zu finden. Dazu gehört das Vermögen zu erkennen, wo etwas zu verbessern ist. Einfache Fragen wie

→   Wer hat die niedrigsten Kosten je Bestellung?

→   Wie viele Einkäufer benötigt man je Mio. € Einkaufsvolumen?

→   Wie viele Bestellungen bewältigt ein Einkäufer?

→   Wie hoch ist der optimale Servicegrad (Versorgungssicherheit)?

passen eher schlecht in ein Benchmarking. Wie will man die Vergleich-barkeit herstellen? Vielleicht trägt folgende Fragestellung besser zum Verständnis bei:

Frage: Wie schnell kann ein Prozess für ausgelagerte Wertschöp-fung ablaufen?

Antwort: Garnelen, die in niederländischen Küstengewässern gefan-gen wurden, sind 48 Stunden später von Hand geschält und fertig verpackt beim Fischgroßhändler, der die Ware inter-national verteilt. Die Ware ist immer noch gekühlt und im-mer noch frisch. Der ausgelagerte Arbeitsgang „Schälen" hat in Nordafrika stattgefunden, ein paar tausend Kilometer entfernt. Der Transport hat mit entsprechend ausgerüsteten Lastkraftwagen stattgefunden.

Abwicklung: Standard!

Die Lohnveredelung in einer 50 Kilometer weit entfernten Stadt nimmt hingegen rund eine Woche in Anspruch. Andernfalls müssten die Teile „getragen" werden. Eine teure Sonderabwicklung wäre erforderlich.

Natürlich geht nicht jeder mit Fisch um, mit Garnelen schon gar nicht. Der Vergleich mit Drehteilen, die in einer Galvanik oberflächenbehandelt werden, scheint weit hergeholt. Schließlich sind letztere wahrscheinlich einfacher zu handhaben als wärmeempfindliche Nahrungsmittel. Es kann jedoch unterstellt werden, dass der Transport der Garnelen relativ güns-tig ist verglichen mit dem Transport der Drehteile. Warum eigentlich?

Abbildung 7 zeigt den Unterschied zwischen einem Vergleich mit der ei-genen Branche und dem „Weltmeister". Der relative Vergleich mit den Wettbewerbern lässt nur einen kleines Verbesserungspotenzial erwarten. In Wirklichkeit sind Quantensprünge gefragt.

Benchmarking
von Funktionen und Prozessen

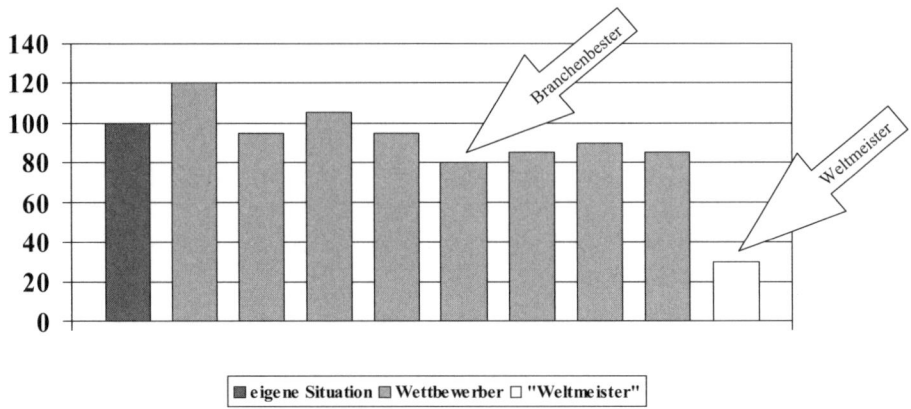

Abbildung 7

Für manche Einkäufer ist eine Internet-Auktion keine akzeptable Form der Verhandlung. Man sitzt sich nicht gegenüber, kann nicht Auge in Auge Argumente austauschen. Nicht einmal miteinander zu telefonieren ist erlaubt. Das kann keine Verhandlung sein. Dieser Prozess kann keinen Erfolg haben. So ähnlich dachten die Uhrenproduzenten in der Schweiz auch!

Gewiss sind die angeführten Beispiele nicht unbedingt für alle Bedürfnisse passend. Sie machen aber deutlich, dass Benchmarking-Objekte und geeignete Partner intensiv gesucht werden müssen. Es gilt also als erstes, die „Archillesferse" zu finden. Die Stelle muss gefunden werden, an der das Unternehmen am verwundbarsten ist, also die schwächste Stelle. Diese bedarf am dringendsten der Verbesserung. Benchmarking-Partner sind leichter zu überzeugen, wenn man etwas anzubieten hat. Aus diesem Grund ist als nächstes der Prozess zu ermitteln, in dem man sich weltmeisterlich fühlt. Damit hat man etwas anzubieten.

Benchmarking ist eine besondere Form des Controlling. Sie ist auch für Prozesse des Einkaufs interessant. Nur ungewöhnliche Vergleiche führen zu neuen Ufern. Hierbei gilt es, nicht zu kopieren, sondern zu adaptieren. Die Anpassung an eigene Bedürfnisse und Eigenheiten kann Initialzündung für weitere Verbesserungen sein.

3. Portfolio-Analyse – Ordnung muss sein

3.1 Grundlagen und Konzepte

Ursprünglich wurde die Portfolio-Analyse für das Finanzmanagement entwickelt. Mit ihrer Hilfe sollten finanzielle Transaktionen, z. B. Aktienkäufe und -verkäufe systematisch und zielorientiert vorbereitet werden. Sehr schnell stellte sich jedoch heraus, dass die Anwendung dieser an sich sehr sinnvollen Form der Analyse sich nicht realisieren ließ. Die Gründe hierfür lagen nicht in der Portfolio-Analyse selbst, sondern in der Informationsbeschaffung. Wenn die Informationen nicht schnell und sicher genug erhalten und verarbeitet werden, nützt die ganze Analyse relativ wenig.

Anders ist die Sache in Einkauf und Materialwirtschaft. Heute ist die Portfolio-Analyse, insbesondere als „Marktmacht-Portfolio" integraler Bestandteil der Vorbereitung analytischer Einkaufsentscheidungen. Die Portfolio-Analyse ist somit ein, wenn nicht gar das entscheidende Werkzeug im strategischen Einkauf.

Während die ABC-Analyse nur eine eindimensionale Aussage ermöglicht, ist die Portfolio-Analyse stets zweidimensional strukturiert. So wird beim „Marktmacht-Portfolio" auf die eine der zwei Achsen „Versorgungsrisiko" und auf die andere „ABC-Ausprägung" jeweils mit niedrig und hoch aufgetragen. In aller Regel kann man diese Begriffe auch durch „Komplexität" oder „Stärke des Lieferanten" bzw. „Wert" oder „Stärke des Abnehmers" ersetzen. Wie aus der Abbildung 8 erkennbar ist, werden zwischen den beiden Achsen vier Quadranten gebildet, die Marktmacht bzw. Marktschwäche signalisieren.

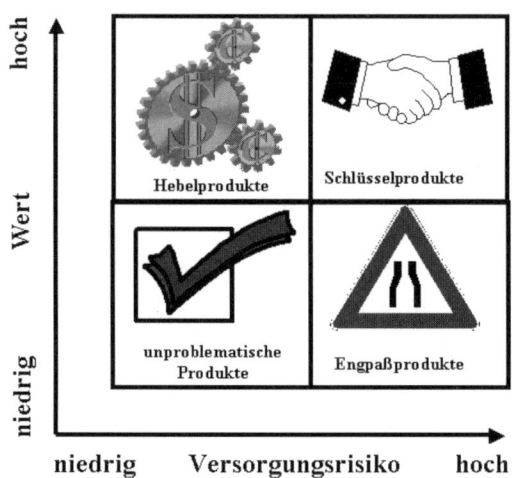

Portfolio-Analyse
Versorgungsrisiko

Hebelprodukte

Schlüsselprodukte

unproblematische
Produkte

Engpaßprodukte

hoch — Wert — niedrig

niedrig   Versorgungsrisiko   hoch

Abbildung 8

3.2 Hebelprodukte

Bei hohem Wert und niedrigem Versorgungsrisiko bildet sich der Quadrant „Hebelprodukte". In diesem Quadranten sammeln sich Lieferanten bzw. deren Lieferungen oder Leistungen, soweit folgende Kriterien gegeben sind:

→   Lieferung/Leistung ist problemlos beschaffbar

→   viele auswählbare Lieferanten sind am Markt verfügbar

→   Wiederbeschaffungszeit ist relativ kurz

→   meist ist ein „Käufermarkt" gegeben

→   Bedarfsbündelung führt nicht zu Abhängigkeit vom Lieferanten

→   Marktchancen (Spots) können ohne negative Auswirkungen auf Folgebedarfe genutzt werden

In diesem Quadranten wird üblicherweise eine „Emanzipations-Strategie" angewendet. Marktchancen werden genutzt. Um die Marktchancen besser ausschöpfen zu können, sind aktuelle Werkzeuge gefragt. Eines hierzu ist z. B. die Internet-Auktion, die sich auch als gesondertes Strategieziel eignet und als solches zu behandeln ist.

3.3 Unproblematische Produkte

Bei niedrigem Wert und niedrigem Versorgungsrisiko bildet sich der Quadrant „unproblematische Produkte". Dieser unterscheidet sich von „Hebelprodukten" vor allem durch den Wert und das damit verbundene Interesse. In diesem Quadranten sammeln sich Lieferanten bzw. deren Lieferungen oder Leistungen, soweit folgende Kriterien gegeben sind:

→ Lieferung/Leistung ist problemlos beschaffbar
→ viele auswählbare Lieferanten sind am Markt verfügbar
→ Wiederbeschaffungszeit ist relativ kurz
→ Beschaffung erfolgt meist orientierungslos
→ kaum oder wenig Lieferantenintegration
→ Preise sind meist von untergeordneter Bedeutung
→ Abwicklungskosten sind im Verhältnis zum Warenwert hoch

Für diese Art von Materialien spielen die Abwicklungskosten eine höhere Rolle als der Preis. – Zumindest sollte dies so sein. In diesem Zusammenhang muss das „C-Teile-Management" gesehen werden, das im Folgenden gesondert beschrieben wird.

3.4 Schlüsselprodukte

Bei hohem Wert und hohem Versorgungsrisiko bildet sich der Quadrant „Schlüsselprodukte". In diesem Quadranten sammeln sich Lieferanten bzw. deren Lieferungen oder Leistungen, soweit folgende Kriterien gegeben sind:

→ nur ein Lieferant (wenige Lieferanten)
→ beide Seiten sind an Zusammenarbeit interessiert
→ Zusammenarbeit ist langfristig orientiert
→ hoher Integrationsgrad
→ hohes Interesse bezüglich Kosten/Preise
→ gemeinsame Aktivitäten

Für diese Art von Materialien spielen die direkten Kosten die dominierende Rolle. Die auf längere Zeit angelegte Zusammenarbeit ermöglicht aber auch eine Optimierung der Prozesse. Diese Optimierung findet meist dann wieder in den direkten Kosten ihren Niederschlag. Gemeinsame Maßnahmen können z. B. sein

→ Wertanalyse-Teams
→ Make-or-Buy-Unterschungen
→ Standardisierung
→ Bestandssenkungsprogramme
→ EDI (Electronic Data Interchange)

Da die Möglichkeiten zur Zusammenarbeit einzelne Ziele darstellen, die ein gesondertes Controlling erfordern, wird hierauf im Folgenden näher eingegangen.

3.5 Engpassprodukte

Bei niedrigem Wert und hohem Versorgungsrisiko bildet sich der Quadrant „Engpassprodukte". In diesem Quadranten sammeln sich Lieferanten bzw. deren Lieferungen oder Leistungen, soweit folgende Kriterien gegeben sind:

→   geringwertige Materialien
→   schlecht zu beschaffen
→   Lieferanten sind desinteressiert
→   Einzuleitende Maßnahmen können sein
→   Konzentration/Verlagerung zu Schlüssellieferanten
→   Materialänderung
→   großzügige Bestandsplanung

Bei diesen geringwertigen Materialien wird in aller Regel eine Problemlösung über großzügige Bestände in Kauf genommen. Verfügbarkeit geht vor Aufwand! Wird nicht rechtzeitig Vorsorge getroffen, steigt der Aufwand für die zeitgerechte Beschaffung erheblich. Das Controlling der Engpassprodukte erfolgt in Zusammenhang mit der Auswertung der Portfolio-Analyse. Ein gesondertes Controlling einzelner Maßnahmen ist wenig sinnvoll.

3.6 Portfolio-Controlling

Die Aufnahme aller Lieferanten bzw. aller Materialien in die Portfolio-Analyse ergibt zunächst ein statisches Bild. Man erhält einen Überblick über die gegenwärtige Situation. War die Einteilung richtig gewählt, stehen oberhalb der horizontalen Trennlinie (Hebel- plus Schlüsselprodukte) 80 Prozent des Volumens, entsprechend einer typischen ABC-Verteilung (A-Material). Demzufolge stehen unterhalb dieser Trennlinie (unkritische Produkte plus Engpassprodukte) 20 Prozent des Volumens (B- und C-Material). Unklar ist die Lage der vertikalen Trennlinie (siehe Abbildung 9). Diese gibt Aufschluss über die Komplexität der zu beschaffenden Lieferungen und Leistungen. Je größer der Anteil links der vertikalen Trennlinie (Hebel- plus unkritische Produkte) ist, desto niedriger ist die Komplexität. Im Sinne des Marktmachtportfolios kann in einer solchen Konstellation die Marktmacht bei der Beschaffung ausgespielt werden. Der Austausch einzelner Lieferanten ist relativ leicht möglich.

Risiko-Analyse

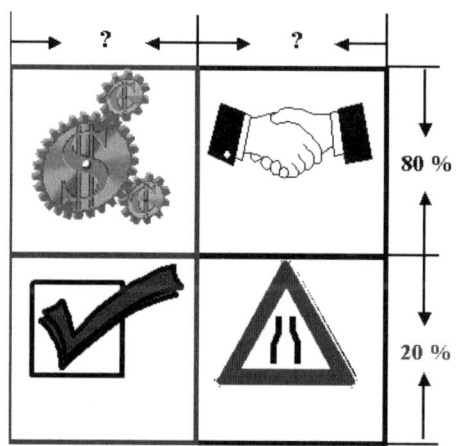

▲ Verteilung der „Gewichte"

⇨ ? % Summe Hebel- plus
   unkritischem Material
⇨ ? % Schlüssel- plus Engpassmaterial

80 %

20 %

Abbildung 9

Eine andere Situation ist gegeben, wenn der Anteil rechts der vertikalen Trennlinie (Schlüssel- plus Engpassprodukte) überwiegt. Eine solche Konstellation zeigt auf, dass die Lieferantenauswahl stets stark eingeschränkt ist. Entsprechend sorgfältig sind Lieferantenauswahl und Vertragsgestaltung vorzunehmen. Die Möglichkeit des Austauschs einzelner Lieferanten tendiert von „eher schwierig" zu „praktisch unmöglich".

Vor diesem Hintergrund erscheint die Portfolio-Analyse vielleicht in einem anderen Licht. Sie spiegelt die – bewusste oder auch unbewusste – Ausrichtung des Unternehmens wider. Technologie orientierte Unternehmen werden eher zur „Rechtslastigkeit" neigen. Gleiches gilt für produzierende Unternehmen mit geringer Fertigungstiefe. Komponenten (Module und Systeme) weisen höhere Komplexität auf als Baugruppen, letztere eine höhere als Teile.

Dieser generelle Hintergrund begründet Unterschiede. Dennoch sind Verschiebungen innerhalb des Portfolios möglich. Unerwünschte Verschiebungen ergeben sich wie von selbst. Diese können z. B. sein:

→ Durch Bedarfsreduzierung wird aus einem Schlüsselmaterial ein Engpassmaterial. Der Lieferant verliert das Interesse. Lieferzeiten verlängern sich.

→ Die Lieferantenpalette schrumpft (z. B. durch Fusion, Insolvenz, Reglementierung). Hierdurch kann aus einem Hebelprodukt ein Schlüsselprodukt werden.

In aller Regel sind unerwünschte Verschiebungen nicht zu vermeiden. Meist muss man sich darauf beschränken, die Folgen einer solchen Verschiebung durch geeignete Maßnahmen abzumildern.

Die Möglichkeit einer Verschiebung zwischen den Quadranten muss jedoch nicht dem Zufall überlassen bleiben. Häufig vermittelt die Fachliteratur den Eindruck, die Verschiebung eines möglichst großen Anteils in das Feld „Hebelprodukte" sei die einzig erstrebenswerte Lösung. Inzwischen zeigt die Praxis, dass auch andere Varianten denkbar und möglich sind, so z. B.

→ Schlüsselprodukte werden durch Markterzeugung (Aufteilung auf mehrere Lieferanten) zu Hebelprodukten

→ Unproblematische Produkte werden durch gezielte Maßnahmen (Bedarfsbündelung, Händler-Konzept) zu Hebelprodukten (siehe Abbildung 10a)

→ Unproblematische Produkte werden durch gezielte Maßnahmen (Bedarfsbündelung, Warenhaus-Konzept) zu Schlüsselprodukten (siehe Abbildung 10b)

→ Hebelprodukte werden durch gezielte Maßnahmen zu Schlüsselprodukten (siehe Abbildung 10c)

10a	Unproblematische Produkte $\Rightarrow$ Hebelprodukte

<u>Bisher</u> wurden Hilfs- und Betriebsstoffe unkoordiniert bei verschiedenen Lieferanten (Herstellern und Händlern) gekauft.

<u>Künftig</u> werden alle ausgewählten Hilfs- und Betriebsstoffe bei <u>einem</u> ausgewählten und gemeinsam mit den Bedarfsträgern festgelegten Händler gekauft. Dieser kauft gegebenenfalls „Fremdprodukte" von Kollegen zu.

<u>Bedarfsbündelung</u> lässt die im einzelnen unbedeutenden Bedarfe (unproblematische Produkte) für den ausgewählten Lieferanten interessant werden. Er wird sich bemühen, im Geschäft zu bleiben und sich entsprechend verhalten.

10b	Unproblematische Produkte $\Rightarrow$ Schlüsselprodukte

<u>Bisher</u> wurden Schrauben, Muttern usw. bei verschiedenen Lieferanten (Händlern) gekauft, eingelagert und bei Bedarf an die Bedarfsträger ausgegeben.

<u>Künftig</u> werden alle Befestigungsmaterialien (Schrauben, Muttern, usw.) von einem Lieferanten direkt an die Bedarfsträger angeliefert. Die entsprechenden Handvorräte werden ohne gesonderte Bestellung aufgefüllt (Warenhauskonzept). Der gesamte physische und kommerzielle Ablauf ist in einem längerfristigen Vertrag geregelt.

<u>Prozess und Vertrag</u> rücken die im einzelnen unbedeutenden Bedarfe für beide Seiten in ein neues Licht. Lieferantenintegration hat stattgefunden. Beide Seiten haben hohes Interessen an Prozess und Kosten (Preis).

10c	Hebelprodukte $\Rightarrow$ Schlüsselprodukte

<u>Bisher</u> wurde ein bestimmtes Halbzeug bei einem Hersteller gekauft. Für Bezug über den Fachhandel war die Menge zu hoch. Die Marge für den Handel wurde eingespart. Auf der anderen Seite musste eine längere Lieferzeit (8 Wochen) in Kauf genommen werden.

<u>Künftig</u> beträgt die Lieferzeit nur noch 2 Wochen, notfalls weniger. Mit dem Hersteller wurde ein längerfristiger Vertrag abgeschlossen. Er bekommt einen akzeptablen Forecast, der ihm die rechtzeitige Fertigung – ohne konkrete Bestellung – ermöglicht.

Abbildung 10

Alle Bemühungen dienen der Optimierung. Dieses Optimum zu suchen und zu finden, kann der Quadratur des Kreises gleichen. Auf der einen Seite sollen nunmehr erkannte und unerwünschte Monopol-Situationen aufgehoben werden, auf der anderen Seite soll die Zusammenarbeit mit Lieferanten verbessert und Lieferantenintegration betrieben werden. Alles, was dazu dient, diesem sich im Laufe der Zeit wandelnden Ziel, dem Optimum näher zu kommen, ist zulässig und erwünscht. Wichtig ist, sich über die Verschiebungen und deren Auswirkungen im klaren zu sein. Ein Tabu ist lediglich jede (freiwillige) Verschiebung in den Quadranten „Engpassprodukte".

→ Ziel: Verbesserung der Lieferantenstruktur

→ Zielvereinbarung   Anzustrebende Verteilung auf die Quadranten (Anzahl/Volumina)

→ Voraussetzung   Wertigkeit der Quadranten muss festgelegt sein/werden

→ Ergebnisrechnung   Anzahl/Volumina

                                → Hebelprodukte x Faktor „X"

                                → Schlüsselprodukte x Faktor „Y"

                                → Unproblematische Produkte x Faktor „Z"

                                → Engpassprodukte x Faktor „A"

Basis für das Controlling ist die sich aus dem „Ist" ergebende Kennzahl. Auf dieser Basis ist unter realistischer Einschätzung der Möglichkeiten ein Ziel zu erarbeiten und zu vereinbaren. Das Ergebnis ist nach Ablauf der vereinbarten Frist auf gleiche Art und Weise zu ermitteln und mit dem Ausgangswert zu vergleichen. Bei dieser strategischen Aufgabe macht es keinen Sinn, kürzere Zeiträume als ein Jahr zu vereinbaren. Grundlegende Änderungen sind herbeizuführen, die über einen längeren Zeitraum Bestand haben sollen. Eine solche Maßnahme ist mit hektischen Aktivitäten nicht vereinbar. Es macht vielmehr Sinn, mit einem Projekt, besser mit mehreren Teilprojekten an die Aufgabe heranzugehen.

Grundsätzlich ist auch hier ein regelmäßiges Controlling angezeigt. Dies kann sich aber nicht auf reine Erfolgsmessung – wie beim Endergebnis – beschränken. Vermutlich wird eine positive Veränderung über einen längeren Zeitraum der Projektlaufzeit nicht messbar sein. Vielmehr ist es angezeigt, den terminlichen Projektfortschritt im Auge zu behalten. Auch auf diese Art und Weise kann sichergestellt werden, dass die gewünschten und vereinbarten Ergebnisse zum richtigen Zeitpunkt (Projektende) in der entsprechenden Höhe erzielt werden. Frühzeitig erkannten Abweichungen kann gemeinsam entgegengewirkt werden. Falls erforderlich können diese Abweichungen durch andere Maßnahmen kompensiert werden.

4. Lieferantenbewertung – Programmierte Verbesserung

4.1 Systemischer Ansatz

Die Zusammenarbeit mit Lieferanten ist für jedes Unternehmen von ausschlaggebender Bedeutung. Auf Sicht kann nur die Zusammenarbeit mit leistungsfähigen und leistungsbereiten Lieferanten erfolgreich sein. Daher kommt der Lieferantenauswahl eine große Bedeutung zu. Die „Einmalprüfung" reicht jedoch für die Dauer der Zusammenarbeit nicht aus. Zusammenarbeit ist kein statischer, sondern ein dynamischer Vorgang. Kunde und Lieferant müssen sich weiterentwickeln. Es gilt daher, die Qualität der Zusammenarbeit permanent zu messen und gezielt zu verbessern. Der Nutzen, den der Lieferant für das Unternehmen, den Kunden erbringt wird gemessen bzw. eingeschätzt. Durch die regelmäßige Messung und Auswertung der Ergebnisse werden Verbesserungspotenziale erkannt, Veränderungen werden sichtbar.

4.2 Bewertungskriterien – Ziele erkennen

Eine digitale Bewertung (gut : schlecht) macht keinen Sinn. Sie zeigt keine wirklichen Verbesserungspotenziale. Wie will man aufgrund der Bewertung erkennen, wie gut bzw. wie schlecht ein Lieferant wirklich ist? Sie differenziert auch nicht, ob der Lieferant Probleme mit der Termineinhaltung oder der Lieferqualität hat. Ohne dieses Wissen kann aber keine Verbesserung herbeigeführt werden, allenfalls eine digitale Entscheidung. Man kann lediglich entscheiden, den Lieferanten zu behalten oder auszutauschen. Dann wird aber vielleicht nur der Name ausgetauscht; die Probleme bleiben, weil sie nicht wirklich gelöst wurden.

Es gilt also, nach Möglichkeit zu messen. Wenn messen nicht möglich ist oder unvertretbar aufwendig wäre ist eine qualifizierte Einschätzung vorzunehmen. Die Lieferantenbewertung erfolgt anhand fester Kriterien, die möglichst lange Bestand haben sollten, um Vergleichbarkeit über einen entsprechenden Zeitraum zu erhalten. Die Abbildungen 11 und 12 zeigen Beispiele aus der Praxis.

Lieferantenbewertungssystem
Hauptkriterien mit Untergliederung

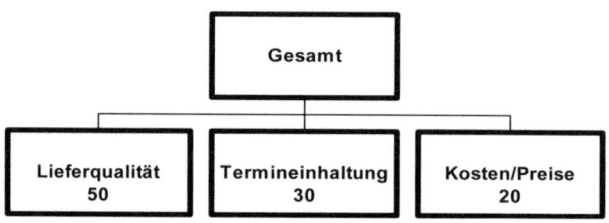

Lieferqualität	Verknüpfung mit Qualitätssystem		
	jede Lieferung bewerten		
	einwandfrei	100	Punkte
	bedingt in Ordnung	50	Punkte
	Zurückweisung	0	Punkte Mittelwertbildung
Termineinhaltung	jede Lieferung bewerten		
	> 7 Tage Abweichung	0	Punkte
	- 4 ... - 7 Tage	50	Punkte
	- 3 ... + 3 Tage	100	Punkte
	+ 4 ... + 7 Tage	50	Punkte Mittelwertbildung
Kosten/Preise	Manuelle Einschätzung		
	max.	100	Punkte

Abbildung 11

Abbildung 11 stellt ein Beispiel einer eher einfachen Bewertung dar. Diese ist mit einfachen Mitteln rasch ein- und durchzuführen. Sie beschränkt sich auf die Messung/Einschätzung von

→ Lieferqualität

→ Termineinhaltung

→ Kosten/Preise

→ Gesamt

Lieferqualität und Termineinhaltung werden konkret gemessen, Angemessenheit der Kosten/Preise im Vergleich zum Wettbewerb wird eingeschätzt. Aus dem Ergebnis der drei Kriterien wird ein gewichtetes Mittel als Gesamtbewertung errechnet. Die Gewichtungsfaktoren sind unternehmensspezifisch festzulegen. Jedes Unternehmen muss für sich entscheiden, wo Schwerpunkte zu setzten sind.

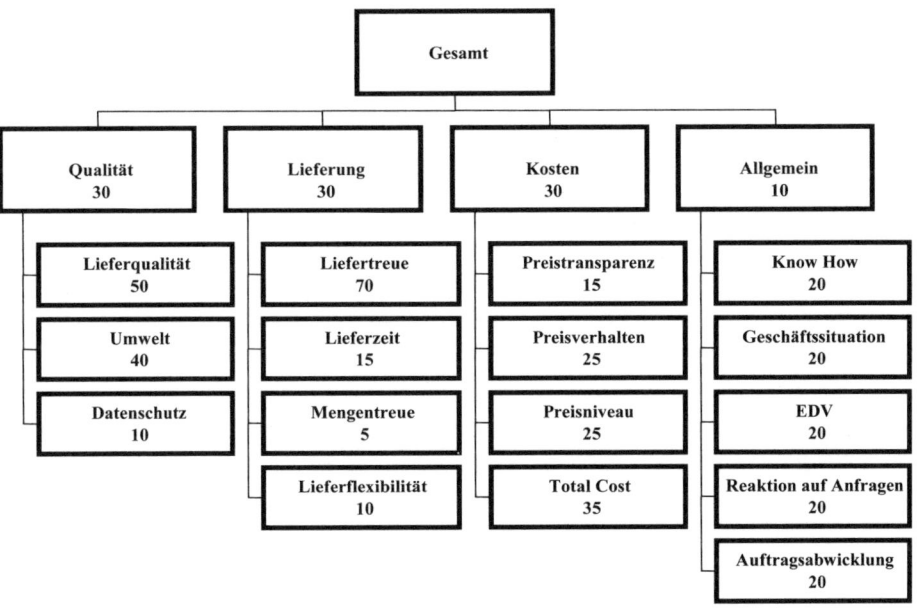

Lieferantenbewertungssystem
Hauptkriterien mit Untergliederung

Abbildung 12

Abbildung 12 zeit eine eher komplexe Bewertung, die in der Durchführung eher aufwendig ist. Die Hauptkriterien

→ Qualität

→ Lieferung

→ Kosten

→ Allgemein

sind in Unterkriterien gegliedert, die einzeln für sich bewertet werden. So beinhaltet z. B. das Hauptkriterium Qualität, die Messung der Lieferqualität ebenso wie die Einschätzung der Bemühungen des Lieferanten hinsichtlich Umweltschutz, Arbeits- und Gesundheitsschutz und Datenschutz. Beim Kriterium Lieferung geht es nicht nur um die Messung der Termineinhaltung, sondern auch um die Angemessenheit der Lieferzeit, die Mengentreue (z. B. unerwünschte Teillieferungen).

Betrachtet man das Kriterium Kosten, so findet man dort neben der Bewertung des Preisniveaus (abgeleitet aus Angebotsvergleichen) auch die Einschätzung der Preisentwicklung. Auch Preistransparenz ist etwas wert. Ungewöhnlich mag erscheinen, welch hohen Rang dem Beitrag des Lieferanten bei Kostensenkungsmaßnahmen beigemessen wird. Gerade hierin werden künftig die größten Kostensenkungspotenziale liegen. Intelligente Problemlösungen werden und müssen simples „Squeesing" ablösen.

Hinter dem scheinbar harmlosen Kriterium „Allgemein" verbirgt sich ein nicht zu unterschätzendes Kommunikationsproblem. Mit diesem Kriterium wird die allgemeine Einschätzung des Lieferanten einschließlich seiner Marktsituation und seines Managements abgedeckt. Nicht die Einschätzung ist das Problem, sondern die anschließende Diskussion mit dem Lieferanten.

Abbildung 13 stellt die Aufbereitung der in Abbildung 12 graphisch dargestellten Lieferantenbewertung im Excel-Format dar. Hier sind auch die Messgrößen aufgeführt, die zur klaren Messbarkeit der entsprechenden Unterkriterien führen bzw. die Fragen aufgeführt, die eine zu einer möglichst objektiven Einschätzung zu den entsprechenden Unterkriterien führen sollen.

Lieferant:		Bewertungszeitraum:			Stand:		
		Bewertet von:		Abtlg.:		Name:	

KRITERIEN	MESSGRÖSSEN	ERFÜL-LUNGSGRAD 1	2	3	4	5	6
Punkte		10	30	50	80	90	100
Qualität	**(30%)**						
Lieferqualität (50 %)	Messung der Lieferqualität (Beurteilung aller Lieferungen)	einwandfrei teilw. beanstandet zurückgewiesen	100 Punkte 50 Punkte 0 Punkte				
Umwelt (40 %)	Qualität des Umweltmanagements	Kein Beitrag	Berücksichtigung umweltrelevanter Aspekte	Strukturierte Einbeziehung des Themas 'Umweltschutz'	Auseinandersetzung mit dem Umweltgedanken	Umweltschon. Ressourcen-Einsatz; Realisierungsphase	Umweltgedanke ist Teil der Unternehmensphilosophie
Datenschutz (10 %)	Datenschutz	kein Datenschutz	Berücksichtigung datenschutzrelevanter Aspekte	Strukturierte Einbeziehung des Themas 'Datenschutz'	Intensivere Auseinandersetzung mit dem Datenschutzgedanken	Umsetzung konkreter Maßnahmen zum Datenschutz	Datenschutz ist Teil der Unternehmensphilosophie
Lieferung	**(30 %)**						
Liefertreue (70 %)	Einhaltung der Liefertermine (Messung am vereinbarten Termin)	> + 7 Tage + 7 ... + 4 Tage + 3 ... - 3 Tage - 7 ... - 4 Tage > - 7 Tage	0 Punkte 50 Punkte 100 Punkte 50 Punkte 0 Punkte				
Lieferzeit (15 %)	Abweichung von der marktüblichen Lieferzeit	erheblich länger	viel länger	wenig länger	marktgerecht	wenig kürzer	viel kürzer
Mengentreue (5 %)	Einhaltung der gewünschten Bestellmenge	> + 10 % + 10 ... > + 5 % + 5 ... - 5 % > - 5 ... -10 % > - 10 %	0 Punkte 50 Punkte 100 Punkte 50 Punkte 0 Punkte				
Lieferflexibilität (10 %)	Reaktionszeit auf Termin- und Mengenänderungen, technische Änderungen	nach Auftragsbestätigung n. akzeptiert	> 4 Wochen	3-4 Wochen	2-3 Wochen	1-2 Wochen	< 1 Woche
Kosten	**(30 %)**						
Preistransparenz (15 %)	Einblick in die Preiskalkulation	kein Einblick	Pauschalpreise mit grober Aufschlüsselung	unbegründete Aufschlüsselung in Kostenblöcken	transparentes Angebot aller Leistungskomponenten	teilweise Einblick in die Kalkulation	detaillierter Einblick in die Kalkulation
Preisniveau (25 %)	Preise des Anbieters im Verhältnis zum durchschnittlichen Marktpreis	> 10% darüber	< 10% darüber	< 5% darüber	marktgerecht (+/- 1%)	< 5% darunter	> 5% darunter
Preisverhalten (25 %)	Preissteigerungsrate im Verhältnis zum Branchenindex	> 10% darüber	< 10% darüber	< 5% darüber	= Branchenindex (+/- 1%)	< 5% darunter	> 5% darunter
Total Cost (TC) (35 %)	Grad der Einflussnahme auf Gesamtkosten, d.h. Kosten der gesamten Wertschöpfungskette Lieferant/Kunde	keine Initiative	Auseinandersetzung mit TC-Ansätzen	erste aktive Einflussnahme auf TC-Blöcke	erste Zusammenarbeit zu TC-Reduzierungen	TC-Aktivitäten intensiver als beim Wettbewerb	Kooperation zur Reduzierung der Gesamtkosten
Allgemein	**(10 %)**						
Know-how (20 %)	Qualität und Stärke der Entwicklungsleistung	kein Beitrag	technische Beratung	Entwicklungs-Beratung	Know-how Transfer	eigene technische Teilentwicklung	komplette Eigenkonstruktion
Geschäftspolitik Management (20 %)	Investitionsbereitschaft, Aus- und Weiterbildung, Qualität des Managements	keine Investitionen; unklare Führungsstruktur	Investitionsstop; Fluktuation im Management	spor. Aus- und Weiterbildung; schw. Management	gute Konjunkturerwartungen; gutes Management	kontin. Aus- und Weiterbildung; erf. Management	hohe Investitionen; erstklassiges Management
Reaktion auf Anfragen (20 %)	Zeit zwischen Anfrage und Antwort im Vergleich zum Wettbewerb	erheblich länger	viel länger	wenig länger	marktgerecht	wenig kürzer	viel kürzer
EDV (20 %)	Grad der DV-technischen Ausstattung (z.B. CAD) im Vergleich zum Wettbewerb	erheblich schlechter	viel schlechter	wenig schlechter	gleich gut/schlecht	wenig besser	viel besser
Auftragsabwicklung (20 %)	Arbeits- und Zeitaufwand im Vergleich zum Wettbewerb	erheblich länger	viel länger	wenig länger	marktgerecht	wenig kürzer	viel kürzer

Abbildung 13: Lieferantenbewertung

49

4.3 Durchführung – Aufwand in Grenzen halten

Es ist dringend geboten, für die Durchführung der Lieferantenbewertung auf vorhandene Auswertungen bzw. Auswertungsmöglichkeiten zurückzugreifen. Die Softwareanbieter wie SAP bieten hierzu Softwarepakete an, die in die ERP-Systeme integriert sind und mittels Customizing den jeweiligen Bedürfnissen angepasst werden können.

Gleichgültig, welches ERP-System genutzt wird, es gibt in den meisten Unternehmen Systeme, in denen Wareneingänge und Lieferanten-Beanstandungen regelmäßig erfasst werden. Es empfiehlt sich, diese Informationen auch für die Lieferantenbewertung zu nutzen und nicht parallele Basiserhebungen durchzuführen. Dies schadet der Akzeptanz der Auswertungen. Mehr Sinn macht es, bei Bedarf die Qualität der Basiserhebungen und der Auswertungen zu verbessern. Wichtig ist, dass der Bezug auf die Einzelwerte erhalten bleibt. Die Bewertung der Unterkriterien muss transparent bleiben. Dies bedeutet für die messbaren Unterkriterien, dass die Einzelfaktoren als „Beweis" verfügbar sein müssen, und zwar jeder Zeit.

Lieferantenbewertung darf niemals Selbstzweck sein. Sie dient stets der Verbesserung. Daher ist es notwendig, die Ergebnisse der Lieferantenbewertung mit dem jeweiligen Lieferanten zu kommunizieren. Die meisten Vorschriftenwerke sehen vor, dass dies mindestens einmal jährlich zu erfolgen hat. In der Praxis hat sich dies als nicht ausreichend herausgestellt. Damit wären die Abstände zwischen zwei Informationen zu lang, Zeit für mögliche Verbesserung wird vertan. Statt dessen sollte die Information des Lieferanten vierteljährlich erfolgen. Eine monatliche Information ist recht aufwendig und sollte auf „dringende Fälle" beschränkt werden und bleiben.

Die komplette Lieferantenbewertung muss einmal jährlich neu erfolgen. Dies schließt alle Unterkriterien ein, gleichgültig, ob diese manuell einzuschätzen sind oder aus messbaren Auswertungen stammen. Für eine vierteljährliche Zwischenbewertung reicht es aus, nur die messbaren Unterkriterien der Veränderung anzupassen. Einschätzungen werden nur verändert, wenn hierzu konkrete Veranlassung besteht. Es macht keinen Sinn, vierteljährlich über die Qualität des gleichen Managements nachzudenken; die Einschätzung der Lieferzeit wird nur verändert, wenn eine entsprechende Änderung eingetreten ist.

Der zu treibende Aufwand schließt aus, wirklich alle Lieferanten in eine Lieferantenbewertung einzubinden. Die Anzahl aller Lieferanten würde den Aufwand ins Uferlose treiben. Hingegen hat es sich bewährt, alle A-Lieferanten einzubinden. Nach der Portfolio-Analyse wären damit alle Hebel- und Schlüssellieferanten erfasst, also mindestens 80 Prozent des Einkaufsvolumens. Hierzu müssen nur etwa 5 Prozent der Lieferanten bewertet werden. Es empfiehlt sich, die Lieferantenbewertung auch auf die B-Lieferanten auszudehnen. Damit sind dann mehr als 90 Prozent des Einkaufsvolumens erfasst, jedoch nur 10 bis 15 Prozent der Lieferanten.

Auszusondern sind Lieferanten, die nur sporadisch benötigt werden, etwa für Investitionen oder für ungewöhnliche kundenauftragsbezogene Lieferungen/Leistungen. Lieferantenbewertung macht nur im Falle kontinuierlicher Lieferungen/Leistungen Sinn. Auf der anderen Seite sollten auch C-Lieferanten eingebunden sein, soweit sie kontinuierlich kritische (z. B. umweltkritische) Lieferungen/Leistungen erbringen. Diese Lieferanten werden vor allem dem Quadranten „unproblematische Produkte" angehören. Verbesserungspotenziale können erzielt werden. Gegebenenfalls ist ein Wechsel meist einfach. Anders sieht es aus, wenn der Quadrant „Engpassprodukte" berührt wird. Hier wird das Erschließen von Verbesserungspotenzial nicht einfach sein. Im ungünstigsten Fall wird man sich auf die gegebene Situation als „Standard" einstellen müssen.

Die Folgen der Lieferantenbewertung müssen klar sein. Dies gilt vor allem, aber nicht nur für ein „schlechtes Zeugnis". Es ist daher zu regeln, ab welchem Prozentsatz bei einem Hauptkriterium bzw. in der Gesamtbewertung eine Sperre des Lieferanten zu erfolgen hat und wie der Begriff „Sperre" zu interpretieren ist.

Als Gegenstück zur negativen „Sperre" kann ein positiver Aspekt erwogen werden. Dieser kann z. B. in der Einführung eines (oder mehrerer) „Lieferanten des Jahres" liegen. Eine solche immaterielle Auszeichnung kann im Rahmen einer kleinen Feierstunde oder auch eines Lieferantentages durchgeführt werden.

Die Ergebnisse der Lieferantenbewertung lassen sich nach unterschiedlichen Gesichtspunkten auswerten. So ist über eine Zeitachse erkennbar, welche Entwicklung

→   einzelne Kriterien bzw. Unterkriterien (z. B. Lieferqualität oder Termineinhaltung)

→   einzelne Lieferanten

→   eigene verantwortliche Mitarbeiter

genommen haben.

4.4 Lieferanten-Controlling – Lob und Tadel

Mindestens einmal jährlich wird die durchgeführte Lieferantenbewertung mit den jeweiligen Lieferanten durchgesprochen. In diesem Zusammenhang ist der Aufbau des Systems ebenso wie die Bewertung der einzelnen Unterkriterien zu erläutern. Dies ist auch dann dringend geboten, wenn aufgrund der gegebenen Sachlage nicht zu erwarten ist, dass die Ergebnisse beifällig aufgenommen werden. Unter Umständen hat der Lieferant eine andere Sichtweise. Erkannte Fehleinschätzungen sind zu korrigieren.

Es ist zu empfehlen, in die Auswertungsgespräche mit Lieferanten die Mitarbeiter zum Beispiel aus dem operativen Einkauf und dem Qualitätsmanagement einzubinden, die für die „Wahrheit" der Daten verantwortlich sind.

Die Lieferantenbewertung steht und fällt mit der Datenpflege. Die Erfahrung lehrt, dass diese immer genau so gut ist wie sie hinterfragt wird. Werden in den Lieferantengesprächen Fehler erkannt, können diese umgehend korrigiert und für die Zukunft vermieden werden.

Rechtzeitig vorbereitete Gespräche laufen vor diesem Hintergrund problemloser ab. Eventuelle eigene Fehler können schon im Vorfeld beseitigt (und für die Zukunft vermieden) werden. Zum Beispiel kann die Schlechtbewertung einer Lieferung, die aus einer Bestellung mit zu kurzer Lieferzeit stammt. In diesem Fall wird oft die Korrektur entsprechend der Lieferanten-Möglichkeiten „vergessen". Das kann gerade bei flexiblen Lieferanten zu Fehlbewertungen führen. Entsprechendes gilt für Vorziehungen und Verschiebungen. Es lohnt sich also, die entsprechenden Mitarbeiter schon vor der Information des Lieferanten zu befragen und einzuladen.

Im Rahmen des Gespräches ist mit dem Lieferanten nicht nur „Vergangenheitsbewältigung" zu betreiben. Wichtiger noch ist es, die Zukunft zu diskutieren. Dies gilt insbesondere, wenn eine „Sperre" ins Haus steht. Dann sind dringend Verbesserungsmaßnahmen angezeigt. Der Lieferant hat schriftlich aufzuzeigen, mit welchen konkreten Maßnahmen und bis wann eine deutliche Verbesserung herbeigeführt werden kann und wird.

Es empfiehlt sich, mit jedem Lieferanten eine Vereinbarung über die Entwicklung seiner Leistungen zu treffen. Dies muss nicht unbedingt ein formaler Vertrag mit bestimmten Rechtsfolgen sein. Ein konkretes Ziel, an dem sich beide Seiten orientieren, ist jedoch von Vorteil. Ein solches ist in Abbildung 14 dargestellt. Ausgehend von der Basis (abgelaufenes

Jahr) wird ein neues Ziel vereinbart. Vierteljährlich wird abgeglichen, ob die Erreichung des vereinbarten Ziels realistisch erscheint, oder ob weitere Maßnahmen einzuleiten sind. Positive wie negative Abweichungen sind zeitnah zu diskutieren.

Lieferanten-Controlling

Schmitz & Co., Köln

Zeit/Kriterium	Qualität	Lieferung	Kosten	Allgemein	Gesamt
Ist 2008	99,8	85,0	92,6	85,0	92,4
I/2009					
II/2009					
III/2009					
IV/2009					
Ziel 2009	99,9	95,0	95,0	85,0	95,0

Beurteilt durch: Manfred Müller

Abbildung 14

4.5 Mitarbeiter-Controlling – Verantwortung erkennbar machen

Lieferanten-Management, Lieferanten-Controlling wird nur dann effektiv möglich sein, wenn jeder Lieferant einen „Betreuer" hat, der für die Entwicklung dieses Lieferanten verantwortlich ist. Es kann nicht Aufgabe des Einkaufsleiters sein, jeden einzelnen Lieferanten zu betreuen. Diese Aufgabe ist zu delegieren. Von der Aufteilung der Betreuung eines Lieferanten auf zwei oder mehrere Einkäufer ist dringend abzuraten. Verantwortung ist delegierbar, nicht teilbar!

Aus der Lieferantenbewertung der einem Einkäufer zugeordneten Lieferanten wird das Mittel gebildet. Das einfache Mittel reicht hierzu völlig aus. Ein gewogenes Mittel (z. B. gewichtet mithilfe der Volumina) würde die Komplexität und somit den Aufwand erhöhen, für die Aussagekraft hingegen unerheblich bleiben. Aus der so ermittelten Durchschnittszahl können Ziele für die Zukunft abgeleitet werden.

Der zuständige Einkäufer muss in der Lage sein, die ihm zugeordneten Lieferanten zu beeinflussen, sie zu einer Verbesserung zu bewegen, sie – falls erforderlich und machbar – gegen bessere auszutauschen. Diese Verantwortung spiegelt sich in seinen Zielen wider. Das Controlling gleicht dem auf der Lieferantenebene. Der Unterschied liegt lediglich in der Verdichtung der Einzelwerte. Ein Beispiel für dieses Controlling ist in Abbildung 15 dargestellt. Ein vierteljährliches Controlling der kumulierten Werte sollte ausreichend sein, um den fortschreitenden Zielerreichungsgrad beurteilen zu können.

Mitarbeiter-Controlling

Manfred Müller

Lieferant	Qualität	Lieferung	Kosten	Allgemein	Gesamt
Schmitz & Co.	100,0	92,0	90,0	71,0	94,2
Kurz & Klein	100,0	53,0	64,5	86,0	76,9
Brown	100,0	80,0	97,5	68,0	91,4
Gross	100,0	97,0	81,5	86,0	94,8
Müller & Sohn	100,0	93,0	98,0	94,0	97,0
Zügli	100,0	100,0	95,0	100,0	99,0
Wager	100,0	100,0	96,0	94,0	99,0
Meyer	100,0	88,0	84,0	93,0	92,0
Lange	100,0	90,0	94,0	100,0	96,0
Berliner	100,0	90,0	100,0	100,0	97,0
Ist 2008	100,0	88,3	90,1	89,2	93,7
I/2009					
II/2009					
III/2009					
IV/2009					
Ziel 2009	100,0	92,0	95,0	95,0	96,1

Abbildung 15

Auf gleiche Art und Weise kann auch ein Controlling auf Bereichsebene (Einkaufsleiter) durchgeführt werden. Es dann allerdings empfehlenswert, auf die Bildung von Zwischensummen zu verzichten, sondern direkt den Mittelwert über alle Lieferanten zu bilden. Würde man die Ergebnisse der Einzelnen Einkäufer verdichten, könnte dies zu einer Verzerrung führen.

5. Qualität und Umwelt

5.1 Grundsätzliche Bemühungen

Die Anforderungen an die Unternehmen und somit an ihre Lieferanten steigen stetig. Vor einigen Jahren wurde fast ausschließlich nach einem ISO 9000-Zertifikat gefragt, um das Qualitätsniveau der Zulieferungen sicherzustellen bzw. zu verbessern. Dies sollte als Basis dienen, gleiches für das eigene Unternehmen bzw. für die eigenen Produkte zu erlangen. Die Grunderkenntnis ist geblieben: Gute eigene Produkte sind nur möglich, wenn gute Zulieferungen gegeben sind. Dies bedingt gute Lieferanten. Diese sind entsprechend auszuwählen bzw. zu entsprechenden Verbesserungen zu bewegen. Hier spielt auch das Ergebnis der Lieferantenbewertung hinein.

Inzwischen gilt ein ISO 9000-Zertifikat fast als Grundvoraussetzung für die Aufnahme von Gesprächen. Der Lieferant soll nicht nur wissen, was Qualität ist. Er soll auch in der Lage sein, diese Qualität stets und nachhaltig zu verbessern. Dazu ist ein systematischer Ansatz erforderlich, wie ihn ISO 9000 ff beschreibt. Unternehmen, die nach dieser Norm leben, verbessern systematisch ihre Qualität. Diese „Qualitätsführerschaft" führt in aller Regel nicht etwa zu höheren Kosten, sondern eher zu Kostenvorteilen. Direkte und indirekte Fehlerkosten sinken deutlich.

Inzwischen haben sich schon eine Reihe Unternehmen nach DIN/ISO 14001 zertifizieren lassen. Sie bringen damit zum Ausdruck, dass ihre Unternehmen sich umweltorientiert verhalten und der Schutz der Umwelt Bestandteil von Unternehmensphilosophie und der hieraus abgeleiteten Strategie sind. Auch dies führt zu erheblichen Prozessveränderungen im Unternehmen. Nicht zuletzt der Umgang mit kritischen Substanzen verändert sich.

Die Auseinandersetzung mit dem Umweltgedanken muss auch die Lieferanten mit einbeziehen. Hierzu ist es dringend zu empfehlen, diesen Aspekt in die Lieferantenbewertung aufzunehmen. Im übrigen sollte gemessen werden, wie viele Lieferanten selbst zertifiziert sind.

Unternehmen legen mehr und mehr Wert auf Arbeits- und Gesundheitsschutz. Dieser darf nicht auf die eigenen Mitarbeiter beschränkt sein. Auch Lieferanten sollten entsprechend OH SAS 18001 zertifiziert sein.

Eine Aufnahme in die Lieferantenbewertung ist dringend angezeigt. Ausnahmen bezüglich Lieferanten in Schwellenländern sollten unterbleiben. Andernfalls würde das Verbesserungspotenzial in diesen Ländern ignoriert.

Ähnliches wird auch bald für den Datenschutz gelten. Wer weiß schon, wie Lieferanten mit den Daten von Kunden, Mitarbeitern und Lieferanten umgehen? Ganz gleichgültig sollte es dem Kunden aber nicht sein! Selbst ein abgeschlossenes Geheimhaltungsvereinbarung sichert keine Vertraulichkeit für den Umgang mit Daten aus dem „Tagesgeschäft". Teilnehmer der Informationskette müssen sorgsam mit Informationen umgehen. Zwischen schutzwürdigen und nicht schutzwürdigen Informationen muss unterschieden werden.

5.2 Controlling von Zertifizierungen – Überblick gewinnen und erhalten

Nicht zuletzt zur Erlangung und Aufrechterhaltung eigener Zertifikate ist es erforderlich, Überblick über die Situation bei den Lieferanten zu bekommen und zu erhalten. Auf Unternehmensebene ist ein solcher Überblick nicht einfach zu generieren. Einfacher wird es, wenn die Problemstellung auf die zuständigen strategischen Einkäufer heruntergebrochen wird. Diese sind aufgefordert, entsprechende Informationen zu den ihnen zugeordneten Lieferanten zu beschaffen. Sofern diese noch nicht über geeignete Zertifikate verfügen, sind sie zur Erlangung dieser Zertifikaten anzuhalten. Dabei haben Schlüssellieferanten Priorität, gefolgt von Hebellieferanten und Lieferanten unkritischer Produkte. Zielvereinbarungen und deren regelmäßiges Controlling helfen, die Situation zu verbessern. Dazu ist es ratsam, nicht nur die Anzahl Lieferanten in das Controlling einzubeziehen, sondern auch das Einkaufsvolumen. Damit kann erreicht werden, dass die „richtigen Lieferanten" wirklich Priorität genießen.

Controlling DIN/ISO 9000-Zertifizierungen

Mitarbeiter	Ausgangs-basis		bereits zertifiziert		Zielver-einbarung		aktueller Stand		Abweichung	
	Anzahl	k€	Anzahl	k€	Anzahl	k€	Anzahl	k€	Anzahl	k€
H. Gross	124	651	31	293	62	456	35	320	-27	-136
F. Klein	297	1559	68	702	149	1.091	72	800	-77	-291
S. Kurz	98	515	27	232	49	360	29	280	-20	-80
P. Lange	219	1150	55	517	110	805	61	650	-49	-155
A. Adam	147	772	41	347	74	540	41	347	-33	-193
Z. Huber	76	399	17	180	38	279	17	180	-21	-99
M. Müller	105	551	32	248	53	386	35	288	-18	-98
Gesamt	1.066	5.597	271	2.518	533	3.918	290	2.865	-243	-1.053

Abbildung 16

In Abbildung 16 ist das Controlling am Beispiel zu ISO 9000-Zertifikaten dargestellt. Ausgangsbasis ist die Summe der jedem strategischen Einkäufer zugeordneten Lieferanten. Dazu wird zunächst festgestellt, welche dieser Lieferanten bereits über ein solches Zertifikat verfügen. Dieser „Grundstock" darf nicht verhindern, das zu vereinbarende Ziel anspruchsvoll zu gestalten. Auf Basis der noch nicht zertifizierten Lieferanten wird dann ein anspruchsvolles Ziel erarbeitet und vereinbart, das einem regelmäßigen Controlling unterzogen wird. Ausschlaggebend für die Zielerreichung ist die Vorlage eines gültigen Zertifikats. Ungültig werdende und nicht verlängerte Zertifikate von Lieferanten werden gegengerechnet.

Ein vierteljährlicher Rhythmus sollte hierzu ausreichen. Dabei empfiehlt es sich, auch schon ein Stück Zukunft (im Sinne vorhandener Aktionspläne) abzufragen, um Überblick über die weitere Entwicklung zu bekommen. Zertifizierungen benötigen einige Zeit.

Das hier ausgewählte Beispiel kann auf die anderen Zertifikate (z. B. DIN/ISO 14001 und OHSAS 18001) übertragen werden.

6. Qualitätssicherungsvereinbarungen – nie wieder prüfen!

6.1 Wozu „Qualität" vereinbaren?

Wer rasche Verfügbarkeit erzielen will, kommt an Überlegungen zur Qualitätssicherung nicht vorbei. Einwandfreie Lieferqualität ist Grundvoraussetzung für Verfügbarkeit. Selbst rechtzeitig eingetroffenes Material steht nicht zur Verfügung, wenn es nicht verwendbar ist. Dabei geht es nicht um subjektive Einschätzung des Stellenwerts von Qualität im allgemeinen und den Stellenwert der Wareneingangsprüfung im besonderen. Material muss wirklich für den vorgesehenen Zweck verwendbar sein, um zur Weiterverarbeitung oder -verwendung zur Verfügung zu stehen.

Die Gründe, warum nicht einwandfreies Material eintrifft, sind vielschichtig. Hierzu einige Beispiele

→   Lieferant beherrscht seinen Fertigungsprozess nicht
→   Ausgangsprüfung bei Lieferant unzureichend
→   „Durchschlupf" bei der Ausgangsprüfung beim Lieferanten
→   Notwendigkeit bestimmter Eigenschaften ist dem Lieferanten nicht bekannt

Manche Fehler sind nur durch Austausch eines ungeeigneten gegen einen geeigneten Lieferanten zu vermeiden. Damit sollte man nicht zu lange warten. Wenn der größte Fehler die Auswahl und Zulassung des derzeitigen Lieferanten war und ist, muss dieser Fehler unverzüglich durch geeignete Maßnahmen, also den Austausch des Lieferanten, behoben werden.

Andere Fehler werden nicht mehr auftreten, wenn der gegebene Lieferant seine Fertigungs- bzw. Prüfprozesse verbessert hat. Hierzu ist er dringend aufzufordern. Die Einhaltung der terminlichen Zusagen und deren Wirksamkeit ist nachzuhalten. Gegebenenfalls sind weitere Maßnahmen einzuleiten.

Ein häufig nicht oder erst spät erkanntes Problem ist Informationsmangel, „Unwissenheit" des Lieferanten. Selbst wenn dieser eine Spitzenstellung in seiner Branche innehat, jedoch die Anforderungen nicht oder nicht genau genug kennt, werden sich mit hoher Wahrscheinlichkeit Probleme einstellen. Nicht zuletzt in Sachen Qualität ist Offenheit gefragt. Wer nicht genau genug erklärt, was er möchte, wird wohl kaum bekommen, was er braucht.

An dieser Stelle setzen Qualitätssicherungsvereinbarungen an. Die qualitätssichernden Maßnahmen werden mit dem Lieferanten abgestimmt und vertraglich fixiert. Damit sind Rechte und Pflichten, die beide Seiten haben hinreichend klar. Ein gutes Beispiel für eine ausgewogene Qualitätssicherungsvereinbarung ist Vorschlag des Zentralverband Elektrotechnik- und Elektronikindustrie e. V. (ZVEI). Da diesem Verband Kunden wie Lieferanten angehören, war es obligatorisch, eine „Übervorteilung einer Seite" zu vermeiden.

Eine Qualitätssicherungsvereinbarung beschreibt den rechtlichen Rahmen. Sie gilt allgemein im Rahmen der Zusammenarbeit, enthält jedoch selbst keine technischen Details. Informationen über den speziellen gewünschten Lieferzustand, die erforderlichen Prüfungen usw. geben individuelle Anlagen zur Qualitätssicherungsvereinbarung. Diese Liefer- und Prüfanweisungen erheben Anspruch, umfassend zu sein. Was nicht beschrieben ist, wird nicht verlangt. Es empfiehlt sich also, sehr sorgfältig vorzugehen.

Liefer- und Prüfanweisungen können sich auf einzelne Bauteile, Gruppen von Bauteilen oder ganze Fertigungsverfahren beziehen. Sie werden daher unterschiedliche Formen und Inhalte haben. Bei Zeichnungsteilen wird die Liefer- und Prüfanweisung grundsätzlich durch die entsprechende Zeichnung ergänzt. Wenn auf dieser die „Prüfmaße" gekennzeichnet sind, kann der Lieferant leicht erkennen, worauf er besonders zu achten hat. Dies macht die anderen Maße nicht ungültig. Es rückt sie nur ins rechte Licht und gibt den wesentlichen Funktionsmaßen die notwendige Priorität. Weist eine Zeichnung eine Fülle „gleich wichtiger" Maße auf, bleibt es dem Zufall überlassen, welche davon der Lieferant zu Kontrollzwecken misst. Es werden sicher nicht alle sein.

Der Abschluss von Qualitätssicherungsvereinbarungen mit Lieferanten versetzt diese in die Lage, eine sachgerechte Ausgangsprüfung durchzuführen. Diese umfasst alle Prüfungen, die zur Sicherstellung der vereinbarten Qualität notwendig sind. Einige hiervon würden andernfalls beim Eingang der Waren erfolgen müssen. Doppelprüfungen führen jedoch nicht zu einer Verdoppelung der Sicherheit in Sachen Qualität, sondern nur zu vermeidbaren Kosten. Die Zielrichtung muss also sein, die wesentlichen Prüfungen fertigungsnah beim Lieferanten durchzuführen und jene im Wareneingang auf eine Mengen- und Identitätskontrolle zu beschränken. Weiterhin ist auf Schäden zu achten, die beim Transport entstanden sein könnten.

Ist dies eine unzulässige Verlagerung von Verantwortung auf den Lieferanten? Schließlich schreiben doch §§ 377 und 378 des HGB eine unverzügliche Prüfung gelieferter Ware vor? Zum einen ist die gesetzliche Regelung durch eine vertragliche Regelung zu ändern oder zu ergänzen, zum anderen ist der Lieferant nach wie vor per Gesetz und Vertrag verpflichtet, einwandfreie Materialien zu liefern. Die Qualitätssicherungsvereinbarung mit den entsprechenden Liefer- und Prüfanweisungen versetzen ihn allerdings besser in die Lage, dieser Verpflichtung nachzukommen.

Qualitätssicherungsvereinbarungen machen die Wareneingangsprüfstelle nicht überflüssig. Sie verändern vor allem deren Aufgabenstellung. War diese in der Vergangenheit durch eigene optische und physikalische Prüfungen bestimmt, so wird sich dieses Aufgabenfeld verlagern. Statt dessen wird es Aufgabe dieser Personen sein müssen, sich mit den Prüfungen der Lieferanten in deren Fertigung auseinander zu setzen und an der Erarbeitung von Liefer- und Prüfanweisungen mitzuwirken.

Die Wahrscheinlichkeit, dass mit allen Lieferanten Qualitätssicherungsvereinbarungen abgeschlossen werden können, ist gering. Auch muss bezweifelt werden, dass wirklich mit allen neu hinzukommenden Lieferanten sofort und vor der Aufnahme von Lieferungen eine solche Vereinbarung abgeschlossen werden kann. Dagegen sprechen die vielleicht nicht in der Theorie, sicher aber in der Praxis gegebenen Zeitzwänge. Für die verbleibenden Lieferungen wird also sicher noch eine Wareneingangsprüfstelle benötigt. Weiterhin muss sich kompetentes Personal um Rückläufe (Beanstandungen) aus dem Feld kümmern. Wer soll dies verantwortlich tun, wenn nicht die Wareneingangsprüfstelle?

6.2 Controlling für Qualitätssicherungsvereinbarungen

Qualitätssicherungsvereinbarungen und die dazugehörigen Liefer- und Prüfanweisungen gehören sicher nicht uneingeschränkt in den Aufgabenbereich des Einkaufs. Der Einkäufer ist aber für die Vereinbarungen mit den Lieferanten verantwortlich. Er muss diese bei den Lieferanten

„durchsetzen". Gegebenenfalls muss er vermittelnd eingreifen, wenn eine Forderung nicht mit vertretbaren Mitteln durchzusetzen ist oder andere negative Folgen (z. B. Verteuerungen) nach sich ziehen würde, die unangemessen wären.

Die Vereinbarungen werden mit Lieferanten geschlossen. Die Anzahl Lieferanten mit Qualitätssicherungsvereinbarung muss also Bestandteil der Zielvereinbarung und des Controllings im Einkauf sein. Soweit zusätzliche Bauteile zu einer gültigen Qualitätssicherungsvereinbarung hinzugefügt werden, bedarf dies meist nicht der Unterstützung des Einkäufers. Dadurch scheidet eine Messung auf Teileebene für ein Controlling aus. Es bleibt wiederum das jährliche Einkaufsvolumen als zweite Messgröße. Sie sollte aber auf jeden Fall mit herangezogen werden. Andernfalls muss mehr Sorgfalt aufgewendet werden, nur die „richtigen" Lieferanten zu zählen, die für den Abschluss von Qualitätssicherungsvereinbarungen relevant sind. Dies wiederum würde mehr Aufwand bedeuten, ohne die Aussagekraft wesentlich zu erhöhen.

Ein vierteljährliches Controlling sollte zur Sicherstellung der Zielerreichung ausreichen. Als Beispiel für das Controlling kann die Abbildung 16 (Controlling Zertifikate) herangezogen werden (siehe oben).

7. Controlling von Einsparungen

7.1 Grundregeln

Die Messung von Einsparungen muss einigen Grundregeln folgen. Andernfalls werden die gemessenen Ergebnisse stets „in Diskussion" sein. Daher ist es dringend geboten, Regeln aufzustellen, die zwischen Einkauf, Controlling und Geschäftsleitung abgestimmt sind.

Kosten für Material und zugekaufte Leistungen haben bedeutenden Einfluss auf das Unternehmensergebnis. In fast allen Unternehmen liegt das Verhältnis Einkaufsvolumen : Verkaufsvolumen über 50 Prozent. Die Zahl hat weiter steigende Tendenz. Der Trend zum Outsourcing ist ungebrochen. Hingegen nimmt der Personalaufwand permanent ab. Vermutlich liegt der Durchschnitt in verschiedenen Branchen bereits unter 30 Prozent. Dennoch sprechen „Sanierer" immer noch von Personalabbau als Haupt-Sanierungsansatz.

Wenn von Materialkosten (incl. zugekauften Leistungen) die Rede ist, sind hier stets Gesamtkosten gemeint. In diese Kosten fließen auch die Kosten für verspätete (oder zu frühe) Lieferung, Qualitätsprobleme, Logistikkosten, Zölle und Gebühren ein. Auch die Kosten für Bestände sind zu betrachten. Aufgabe des Einkaufs ist es, vor allem alle nicht wertsteigernden Kosten herauszufinden und zu eliminieren, sie zumindest zu reduzieren.

Es ist wichtig, dass alle Beteiligten in gleicher Art und Weise messen und berichten. Dies mag innerhalb einer Abteilung noch relativ einfach zu organisieren sein. Innerhalb einer Unternehmensgruppe wird dies schon schwieriger, insbesondere wenn es sich um eine internationale Gruppe handelt. In einem solchen Fall ist die Angelegenheit schwieriger; die Herausforderung ist größer. Dennoch ist eine Angleichung des Controlling dringend erforderlich. Andernfalls sind Vergleiche oder gar eine Konsolidierung von Daten unmöglich – oder sie führen zu falschen Ergebnissen. Es muss also eine entsprechende Regelung geben, die für alle Beteiligten bindend ist.

7.2 Grundlagen für die Berechnung

Es sollen nur tatsächliche Effekte berechnet werden. Es muss also ein direkter Einfluss auf das Unternehmensergebnis gegeben sein. Die Ergebnisrechung muss vollständig sein; sie muss also Einsparungen und Verteuerungen erfassen und ausweisen. Eine einseitige Darstellung ist unzulässig.

Weiterhin sind alle gegebenen Kosteneinflüsse zu dokumentieren und zu berücksichtigen. Dies beinhaltet auch alle in der Praxis nicht zu beeinflussenden Komponenten wie die Kursentwicklung für Metalle (z. B. LME) oder Währungen (z. B. Relation US$: €). Auch diese sind relevant für das Unternehmensergebnis und müssen somit Bestandteil des Einkaufscontrollings sein. Werden hier Ausnahmen gemacht, wachsen diese ins Uferlose. Ist nicht auch der Stahlpreis zum Beispiel marktabhängig und somit unverrückbar vorgegeben?

Der Begriff „Einsparung" ist von der „Kostenvermeidung" abzugrenzen. Die Vermeidung von Kosten ist sehr sinnvoll, aber noch keine Einsparung. Wenn die Preiserhöhungsforderung eines Lieferanten von 5 Prozent auf 2 Prozent reduziert wird, ist dies nicht etwa eine Einsparung um 3 Prozent, sondern vielmehr eine Teuerung um 2 Prozent. Die Werte werden im Einkaufscontrolling so erfasst, wie sie für das Unternehmensergebnis relevant sind. Auf der anderen Seite ist es auch unzulässig, einen auf der Verkaufsseite eingetretenen Preisverfall im Vorfeld gegen Einsparungen im Einkauf gegen zu rechnen. Der Vertrieb ist für seine Ergebnisse selbst verantwortlich – ebenso wie der Einkauf für seine.

Die Gültigkeit geschlossener Verträge ist nicht unbedingt mit dem Abrechnungszeitraum identisch. In der Regel sind sie es nicht. Mitunter gelten Vereinbarungen für Mengenkontrakte, die über den Abrechnungszeitraum hinaus reichen. Bereits existierende Vereinbarungen reichen in den Abrechnungszeitraum hinein. Der Abrechnungszeitraum ist meist ein Kalender- oder Geschäftsjahr, also 12 Monate. Es hat sich daher als sinnvoll herausgestellt, die Berechnung von Kostenveränderungen auf 12 Monate zu begrenzen. So werden Kostenveränderungen (Einsparungen wie Verteuerungen), die über einen längeren Zeitraum gehen, gekappt. Läuft eine Vereinbarung beispielsweise über 18 Monate, so wird die Veränderung auf 12 Monate berechnet, während die weiteren 6 Monate neutral gestellt werden; gegenüber den ersten 12 Monaten ergibt sich keine Veränderung. Soweit die 12 Monate in verschiedene Abrechnungszeiträume fallen, wird der auf die folgende Abrechnungszeitraum entfallende Anteil übertragen. Auf diese Art und Weise wird sichergestellt, dass späte Einsparungen nicht „verpuffen" bzw. der negative Einfluss hoher aber später Verteuerungen untergeht. Andernfalls wären 10 Prozent Teuerung im Dezember (nur ein Monat im Abrechnungszeitraum) weniger tragisch als 1 Prozent ab Januar (wirksam für das ganze Jahr). Vor diesem Hintergrund ist es wichtig, die teilweise Übertragung von Ergebnissen nicht nur zu erlauben, sondern sie zwingend vorzuschreiben.

Einsparungen wie Verteuerungen müssen messbar, zählbar und nachvollziehbar sein. Dies gilt insbesondere für Einsparungen aus veränderten Prozessen. Hierzu zählen auch Einsparungen aus verbesserter Qualität und Termineinhaltung. Es ist dringend zu empfehlen, die Daten vor der Veröffentlichung gegenüber anderen mit dem Unternehmens-Controlling abzustimmen, um diese dann anschließend <u>gemeinsam</u> zu verantworten.

7.3 Produktorientierte Einsparungen

In den meisten Untenehmen werden physische Produkte (Waren) hergestellt. Hierbei kann es sich um ein Seriengeschäft handeln, in dem stets gleiche Produkte (z. B. Zulieferteile für die Automobilindustrie) hergestellt werden. Unter diese Kategorie fallen aber auch Maschinenbauer, die kundenauftragsbezogen gleichartige Produkte herstellen.

Der aktuelle Preis für alle zugekauften Materialien/Leistungen wird mit dem Standardpreis abgeglichen und geht mit der aktuellen Menge in die Erfolgsrechnung ein. Der Standardpreis kann z. B.

→ der Durchschnittspreis aus zurückliegender Abrechnungszeitraum
→ der zuletzt gezahlte Preis in der zurückliegenden Abrechnungszeitraum
→ ein vereinbarter Zielpreis

sein. Auf jeden Fall sind bei der Preisermittlung auch alle relevanten Kosteneinflüsse (z. B. Wechselkurse usw.) zu berücksichtigen. Die Erfassung der Veränderung erfolgt zum Zeitpunkt des Eintritts der Veränderung, also zum Zeitpunkt der Warenlieferung bzw. der Leistung. Bei produktorientierten Lieferungen und Leistungen wird unterstellt, dass die Zeitspanne bis zur Ergebniswirksamkeit eher kurz ist und somit vernachlässigt werden kann.

Kostenreduzierungen können auch aus Re-Design oder ähnlichen Einflüssen herrühren. Unter Umständen wird der Einkauf diese Einsparungen nicht oder nur zum Teil als seine Leistung reklamieren können. Wenn solche Einsparungen in die Ergebnisrechnung einfließen sollen, ist hierüber mit den anderen betroffenen Stellen (z. B. Entwicklung) Einvernehmen herzustellen. Mehrfachreporting gleicher Einsparungen ist zu vermeiden. Schließlich gibt es auch den Einfluss auf das Unternehmensergebnis nur einmal! Es ist dringend geboten, in solchen Fällen die Übereinstimmung von Einkauf, Unternehmens-Controlling und Entwicklung herbeizuführen. Dies hat zeitnah zu erfolgen. Auf keinen Fall darf diese Übereinkunft erst nach erfolgtem Reporting angegangen werden.

Zeitnahes Controlling ist angezeigt. So können die unterschiedlichen Einflüsse leichter erfasst und nachgehalten werden. In der Praxis hat sich gezeigt, dass monatliche Abrechnung selbst dann sinnvoll ist, wenn das Ergebnisreporting vierteljährlich erfolgt.

Aus Gründen der Vereinfachung kann auf Werte des zurückliegenden Zeitraums zurückgegriffen werden. Bei produktorientierten Materialien handelt es sich in aller Regel um Wiederholmaterial. Das Material wird in gleicher oder sehr ähnlicher Form immer wieder verwendet. Die Beziehungen zu den Lieferanten sind entsprechend stabil. Meist verändern sich die Werte nicht grundlegend von einem Jahr zum anderen. Aus diesem Grunde können Werte des Vorjahrs auf den aktuellen Zeitraum übertragen werden. Ist dies im Einzelfall nicht möglich (z. B. durch Änderung des Produkt-Portfolios), ist eine entsprechende Korrektur vorzunehmen.

Aufgrund der Werte aus dem Vorjahr wird die Struktur für das aktuelle Jahr gebildet. Anhand der Lieferantenumsätze lassen sich Warengruppen bilden, für die eine Einschätzung der voraussichtlichen Veränderung möglich ist. Hieraus lässt sich ein Ziel erarbeiten, das sich bis auf die Mitarbeiterebene herunterbrechen lässt. Dies wird durch die Abbildungen 17 bis 19 verdeutlicht.

Name	Ctry.	Real 2008 Euro	Art	SM	Budget 2009 Volumen Euro	Veränd. Euro	Total 2009 Volumen Euro	Veränd. Euro	Abweichung Volumen Euro	Veränd. Euro	Carryover 2010 Volumen Euro	Veränd. Euro
Smith Ltd.	US	1.685.498	W	10	1.685.498		0	0	-1.685.498	0		
Wiener Kalk & Cie.	AT	1.723.900	W	11	1.723.900		0	0	-1.723.900	0		
Kupfer & Sohn	DE	864.216	W	11	864.216		0	0	-864.216	0		
Stahl & Eisen	DE	840.292	W	11	840.292		210.073	12.500	-630.219	-80.500		
Stahlhandel GmbH	DE	751.200	W	11	751.200		187.800	24.714	-563.400	-125.286		
Clip & Co.	DE	261.096	W	15	261.096		0	0	-261.096	58.747		
Schlauch	DE	116.650	W	15	116.650		29.162	0	-87.487	0		
Blech- und Biege-GmbH	DE	17.144.386	W	20	17.144.386		0	0	-17.144.386	300.000		
Wandlerbauer & Sohn	DE	4.342.942	W	20	4.342.942		0	0	-4.342.942	0		
Industrie AG	CH	3.872.309	W	30	3.872.309	-128.954	3.872.309	-883.517	0	208		
Georg GmbH	DE	1.129.979	W	30	1.129.979		0	0	-1.129.979	84.748		
Contact GmbH	DE	894.880	W	30	894.880		0	0	-894.880	35.795		
Elektro AG	DE	671.457	W	30	671.457		503.593	0	-167.864	0		
Telephon AG	FI	601.264	W	30	601.264	-12.824	601.264	-51.297	0	0		
Sicherungenbau	DE	520.351	W	30	520.351		0	0	-520.351	39.026		
Kabelbau	DE	436.021	W	30	436.021		0	0	-436.021	32.702		
Silber GmbH	DE	288.923	W	33	288.923		0	0	-288.923	21.669		
Edelstahl-Handel GmbH	DE	192.943	W	33	192.943		0	0	-192.943	0		
Klein & Groß	DE	127.791	W	33	127.791		0	0	-127.791	0		
Gesamt		49.957.956			46.891.258	-141.778	5.515.787	-897.600	-41.375.471	467.110	0	0

Abbildung 17

Abbildung 17 und 18 zeigen Ausschnitte der gleichen Datei. Abbildung 17 zeigt

→ den Lieferanten mit Nationalitäten-Kennzeichen. Dies ermöglicht zu einem beliebigen Zeitpunkt eine Sortierung nach Herkunft der Materialien. Daher ist es angeraten bei indirektem Import nicht den Platz des nominellen Lieferanten (z. B. der regionalen Niederlassung), sondern den des Herstellers aufzuführen.

→ Volumen der zurückliegenden Referenzzeitraum (Vorjahr)

→ Art des Bezuges (Hier wird nur Wiederholmaterial betrachtet! Für die Betrachtung produktbezogener Einsparungen sind Einmalbedarfe und Investitionen herausgefiltert, das diese gesondert betrachtet werden.)

→ Wiederholmaterial (W)

→ Einmalbedarf (E)

→ Investitionen (I)

→ Kennung des zuständigen Einkäufers (Hier durch numerische Einkaufsgruppen vorgenommen.)

→ Budget für den aktuellen Abrechnungszeitraum

    → Volumen (abgeleitet aus dem zurückliegenden Abrechnungszeitraum, gegebenenfalls korrigiert um erwartete Änderungen in der Bedarfsstruktur)

    → Veränderungen, die erwartet bzw. herbeigeführt werden sollen (Einsparungen)

→ (Zwischen-) Ergebnis

    → Volumen, das inzwischen durch konkrete Vereinbarungen (z. B. Mengenkontrakte oder zeitbezogene Lieferanten-Vereinbarungen) abgedeckt ist.

    → Hieraus resultierende Veränderungen (Einsparungen und Verteuerungen)

→ Abweichungen

    → Volumen, das noch nicht durch konkrete Vereinbarungen (z. B. Mengenkontrakte oder zeitbezogene Lieferanten-Vereinbarungen) abgedeckt ist, also das noch offene Veränderungspotenzial

    → Noch herbeizuführende Veränderungen (Einsparungen und Verteuerungen), die zur Erreichung des vereinbarten Ziels noch fehlen.

→ Carry Over

    → Volumen, das im Vorgriff auf den künftigen Abrechnungszeitraum bereits durch konkrete Vereinbarungen (z. B. Mengenkontrakte oder zeitbezogene Lieferanten-Vereinbarungen) abgedeckt ist.

    → Hieraus resultierende Veränderungen (Einsparungen und Verteuerungen)

Die vorliegende Darstellung ermöglicht einen klaren und raschen Überblick über die aktuelle Situation. Sie zeigt auf, wer wofür verantwortlich ist, wie der aktuelle Stand ist und was für den Rest des Abrechnungszeitraums aufgrund der Zielvereinbarung zu tun bleibt. Selbst „Hypotheken" und Vorleistungen für den künftigen Abrechnungszeitraum sind erkennbar.

Ziel-Überprüfung Preisentwicklung (Wiederholmaterial)
nach Lieferanten (2)

Name	Ctry.	SM	Budget 2009 Volumen Euro	Veränd. Euro	I/2009 Volumen Euro	Veränd. Euro	II/2009 Volumen Euro	Veränd. Euro	III/2009 Volumen Euro	Veränd. Euro	IV/2009 Volumen Euro	Veränd. Euro	Total 2009 Volumen Euro	Veränd. Euro
Smith Ltd.	US	10	1.685.498										0	0
Wandlerbauer & Sohn	AT	11	1.723.900	0									0	0
Kupfer & Sohn	DE	11	864.216										0	0
Stahl & Eisen	DE	11	840.292	93.000	210.073	12.500							210.073	12.500
Stahlhandel GmbH	DE	11	751.200	150.000	187.800	24.714							187.800	24.714
Clip & Co.	DE	15	261.096	-58.747									0	0
Schlauch	DE	15	116.650	0	29.162	0							29.162	0
Blech- und Biege-GmbH	DE	20	17.144.386	-300.000									0	0
Wandlerbauer & Sohn	DE	20	4.342.942										0	0
Industrie AG	CH	30	3.872.309	-883.725	968.077	-255.732	968.077	-255.732	968.077	-243.099	968.077	-128.954	3.872.309	-883.517
Georg GmbH	DE	30	1.129.979	-84.748									0	0
Contact GmbH	DE	30	894.880	-35.795									0	0
Elektro AG	DE	30	671.457	0	167.864	0	167.864	0	167.864	0			503.593	0
Telephon AG	FI	30	601.264	-51.297	150.316	-12.824	150.316	-12.824	150.316	-12.824	150.316	-12.824	601.264	-51.297
Sicherungenbau	DE	30	520.351	-39.026									0	0
Kabelbau	DE	30	436.021	-32.702									0	0
Silber GmbH	DE	33	288.923	-21.669									0	0
Edelstahl-Handel GmbH	DE	33	192.943										0	0
Klein & Groß	DE	33	127.791										0	0
Gesamt			46.891.258	-1.364.709	1.824.879	-231.342	1.286.258	-268.556	1.286.258	-255.923	1.118.393	-141.778	5.515.787	-897.600

Abbildung 18

Abbildung 18 zeigt einen anderen Ausschnitt aus der gleichen Datei. Hier ist die Aufgliederung des aktuellen Abrechnungszeitraums in Quartale dargestellt. Dies erlaubt die zeitnahe Betrachtung der Ergebnisrelevanz. Konkrete getroffene Vereinbarungen (z. B. Mengenkontrakte oder zeitbezogene Lieferanten-Vereinbarungen) können so bereits zum Zeitpunkt der Realisierung erfasst werden, ohne sich die Möglichkeit des zeitnahen Reportings zu verbauen.

In den Abbildungen 17 und 18 wurde darauf verzichtet, Lieferantenvolumina zu Materialgruppen zu bündeln. Dies ist möglich und bei häufig stattfindenden Lieferantenwechseln dringend angeraten. In diesen Fällen empfiehlt es sich, die Erfassung auf der Materialgruppenebene vorzunehmen. Die Zuordnung zu einzelnen Mitarbeitern darf hierdurch jedoch nicht entfallen.

Die Erfassung der Zuständigkeit auf Mitarbeiterebene (Einkaufsgruppe) ermöglicht die einfache Zuordnung von Zielen und Resultaten und somit das entsprechende Controlling mithilfe der in Abbildung 17 uns 18 dargestellten Datei. Ziele auf Mitarbeiterebene werden nicht pauschal, sondern orientiert an konkreten Annahmen realisierbar. Jeder einzelne Lieferant bzw. jede einzelne Materialgruppe kann gesondert betrachtet werden. Differenzierte und nachvollziehbare Strategien und Methoden werden planbar. Durch Bildung von Zwischensummen wird einfaches Controlling und nicht zuletzt Selbstcontrolling auf Mitarbeiterebene möglich.

Ziel-Überprüfung Preisentwicklung
(Wiederholmaterial)
nach Einkäufern

Einkäufer	Budget 2009		Total 2009		Difference		Carryover 2010	
	Volumen	Veränderung	Volumen	Veränderung	Volumen	Veränderung	Volumen	Veränderung
	Euro	Euro	Euro	Euro	Euro	Euro	Euro	Euro
H. Klein	9.242.616	0	0	0	-9.242.616	0	0	0
Fr. Groß	9.911.892	143.000	397.873	37.214	-9.514.019	-105.786	0	0
H. Schmitz	3.221.991	-58.747	29.162	0	-3.192.828	58.747	0	0
H. Kurz	32.014.145	-300.000	0	0	-32.014.145	300.000	0	0
Fr. Schlank	20.307.082	-1.331.885	5.088.752	-934.814	-15.218.330	397.071	0	0
H. Dick	16.949.124	0	0	0	-16.949.124	0	0	0
H. Auswärtz	3.989.595	-41.093	1.027.319	-41.093	-2.962.276	0	0	0
Total	**95.636.444**	**-1.588.724**	**6.543.106**	**-938.692**	**-89.093.338**	**650.032**	**0**	**0**

Abbildung 19

In Abbildung 19 ist ein Übersichtsblatt dargestellt, dass – in der gleichen Datei – die Auflistung der Zwischensummen auf Mitarbeiterebene und die Summenbildung (Unternehmensebene) zeigt. Die Aufgliederung in

→ Ziel
→ Ergebnis
→ Abweichung
→ Übertrag

lässt auf einen Blick erkennen, in wessen Bereich es noch Defizite gibt, die aufgearbeitet werden müssen und wie die aktuelle Gesamtsituation sich darstellt.

Das hier beispielhaft dargestellte Controlling von Wiederholmaterial zeigt, wie mit relativ einfachen Mitteln und vertretbarem Arbeitsaufwand ein funktionierendes Einkaufscontrolling erstellt werden kann. Aufwendige Verknüpfungen mit einem eventuell vorhandenen ERP-System können, müssen aber nicht vorgenommen werden. Es empfiehlt sich, auf den Daten der Lieferantenbuchhaltung – aus dem ERP-System – aufzubauen und diese Einkäufern und/oder Materialgruppen zuzuordnen. Soweit die Daten des ERP-Systems die gezahlte Mehrwertsteuer enthalten, ist diese – pauschal – herauszurechnen. Auf diese Weise bleibt Vergleichbarkeit mit Importen und Bezügen von konsolidierten Unternehmen der gleichen Gruppe gewahrt.

7.4 Projektorientierte Einsparungen

Bei produktorientiertem Einkauf (Wiederholmaterial) ist in aller Regel der Bezug auf einen zurückliegenden Zeitraum möglich. Die Entwicklung von Preisen/Kosten kann hieran gespiegelt werden. Beim Projekteinkauf ist dies meist nicht der Fall. Struktur und Inhalt der Projekte variieren stark. Dadurch ist ein Vergleich mit früheren Daten im allgemeinen nicht oder nur bedingt möglich. Es muss also eine andere Lösung gefunden werden.

In der Praxis hat sich herausgestellt, dass ein Vergleich zwischen kalkulierten (= unterstellten) Einkaufswerten mit den tatsächlich realisierten Werten (= Einkaufspreisen) den besten Überblick erlaubt und somit Möglichkeiten für ein zielorientiertes Controlling eröffnet. In diesem Zusammenhang sind jedoch zwei Probleme zu beachten:

1.) Sehr häufig ist der Einkauf an der Kalkulation und somit der Findung der Basis (Ziel) für das Controlling nicht beteiligt. Damit fehlt im Grunde eine wesentliche Voraussetzung für eine akzeptable Zielvereinbarung.

2.) Die Angebots- und Auftragskalkulationen sind häufig nicht vollständig auf die Ebene der einzukaufenden Komponenten, Materialien und Leistungen heruntergebrochen. Somit ist auf der Ebene der (Einkaufs-) Bestellungen oft kein direkter Vergleich möglich.

Als Alternative bietet sich an, auf einen Vergleich zwischen vorliegendem niedrigsten technisch vergleichbarem Angebot von Lieferantenseite und dem tatsächlichen Liefer- bzw. Bestellpreis auszuweichen. Dabei geht der direkte Bezug zum Unternehmensergebnis ein wenig verloren, das Einkaufsergebnis wird hingegen deutlicher.

In jedem Fall sind Kosten- bzw. Preisänderungen, die auf Mengenänderungen oder sonstigen technischen Änderungen beruhen, zu neutralisieren. Diese führen im Sinne des Einkaufscontrollings weder zu Einsparungen noch zu Verteuerungen.

Die Ergebnisse sind für das Quartal einzustellen, in dem die Auslieferung an den Kunden bzw. die Umsatzlegung erfolgt. Damit wird die Ergebnismeldung in die Nähe der tatsächlichen Ergebniswirksamkeit geführt, entfernt sich jedoch vom Zeitpunkt der Verursachung.

Ziel-Überprüfung
Projektmaterial
(Einsparungen bei Kundenaufträgen)

Bestell-Nr. oder Projektname	kurze Material-beschreibung	Einkäufer	Refferenzwert	Bestellwert	Diff.	Bestell-datum		Einsparung	Zeitpunkt der Ergebniswirksamkeit gemäß Richtlinie					
Bestell-Nr. (Projekt)	Material	Verantwort-lich	Vorgabe	Bestellwert in Euro	D in %	Datum	Lieferant	Ergebnis in Euro	Effektiv I/2008	II/2008	III/2008	Effektiv IV/2008	Übertrag 2009	Bemerkung
Carry Over aus dem Vorjahr		alle	500.000	475.200	5,0%	01.01.2000	div.	24.800	24.800					
7004710	Relais	K. E.	98.420	97.000	1,4%	05.01.2000	Smith	1.420	1.420					
7004711	Transformer	T. P.	17.423	16.000	8,2%	05.01.2000	G & K	1.423		1.423				
					0,0%			0						
7009999	sec. Assembly	S. V.	423.530	380.000	10,3%	16.05.2000	Elektro AG	43.530			####	10.000	23.530	
					0,0%			0						
					0,0%			0						
					0,0%			0						
					0,0%			0						
					0,0%			0						
					0,0%			0						
					0,0%			0						
					0,0%			0						
					0,0%			0						
					0,0%			0						
Gesamt			1.039.373	968.200	7,4%			71.173	26.220	1.423	####	10.000	0	

Abbildung 20

Abbildung 20 zeigt beispielhaft den Aufbau eines solchen Controllings. Eine Datei enthält folgende Informationen:

➔ Bestellnummer bzw. Projektname
➔ Beschreibung von Material/Leistung
➔ verantwortlicher Einkäufer (Kurzbezeichnung oder Einkaufsgruppe)
➔ Referenzwert (aus Kalkulation/günstigstes vergleichbares Angebot)
➔ Bestellwert
➔ Differenz (Einsparung)
➔ Bestelldatum

→ Lieferant

→ Höhe der Einsparung

→ Einordnung in den Zeitpunkt des Wirksamwerdens (Quartal der Lieferung bzw. Rechnungslegung an den Kunden), gegebenenfalls mit Übertrag auf den folgenden Abrechnungszeitraum

→ Bemerkungen

Die Erfassung der Einzelbestellungen – ab einem bestimmten Wert – sorgt für Transparenz und Verifizierbarkeit. Die Zuordnung der Vorgänge zu einzelnen Mitarbeitern macht Zielvereinbarungen und somit Controlling möglich.

7.5 Einkaufsprojekte

Bei den beiden vorgenannten und erläuterten Einsparungsmöglichkeiten standen direkte Einsparungen bei Materialien/Leistungen im Vordergrund. Einkaufsprojekte beziehen sich hingegen in der Regel auf Prozesse. Diese können sich beziehen auf

→ Lieferungen (Abwicklung)

→ Qualitätskosten (Qualitätsverbesserung)

→ Lieferzeit (Lieferzeitverkürzung, bessere Termineinhaltung)

→ Standardisierung und Modularisierung

→ Wertanalyse mit Lieferanten

→ Make-or-Buy-Untersuchungen

→ Bestandsreduzierung (-optimierung)

Einsparungen aus Prozessoptimierung sind nur dann als solche auszuweisen, wenn sie konkret messbar sind als

→ reduzierter Personalaufwand

→ reduzierte Abwicklungskosten

→ konkret entfallene Bestandskosten

→ reduzierte Garantiekosten

Ziel-Überprüfung Einkaufsprojekte

Supply Management Projekte 2009					Gesellschaft :							
Verantwortlicher Projektleiter			Projekt-Bezeichnung	Einsp. in	Forecast 2009				Ist-01-2009			
(Vor- und Zuname)	Start	Ende	Meßgrößen	M Euro	relevant in %	Einsp. M Euro	SM Anteil Ergebnis	davon EAFI'00	relevant in %	Einsp. M Euro	SM Anteil Ergebnis	davon EAFI'00
Alle	01/08	12/08	Carryover 1999	0,00		0,00	9,00	0,00		0,26	0,26	0,26
N. N.	01/08	06/09	MoB: Lötgruppen	0,10		0,10	0,10	0,05				
N. N.	01/08	06/09	Materialüberprüfung Kunststoffteile	0,05		0,05	0,05	0,03				
N. N.	01/08	06/09	Standardisierung Front	0,05		0,05	0,05	0,03				
N. N.	01/08	06/09	WA: Schaltgeräte	1,00		1,00	1,00	0,66				
N. N.	01/08	06/09	Value Analysis: Geräte-Einschub	0,50		0,50	0,50	0,25				
N. N.	01/09	06/08	Warenhausprinzip: Kunststoffteile	0,00		0,00	0,00	0,00				
N. N.	01/09	06/09	Rationalisierung O-Ringe	0,10		0,10	0,10	0,05				
N. N.	01/09	06/09	KANBAN: Befestigungsteile	0,10		0,10	0,10	0,05				
N. N.	01/09	06/09	Einführung Internet-Auktion	0,10		0,10	0,10	0,05				
N. N.	01/09	05/09	Value Analysis: Auxilary Swich	0,1		0,1	0,10	0,10				
Alle	01/09	06/09	Bestandsreduzierung	0,00		0,00	0,00	0,00				
Total Savings				2,10		2,10	2,10	1,27		0,26	0,26	0,26

Abbildung 21

Abbildung 21 zeigt eine Aufstellung von Projekten. Diese sind aufgeführt mit folgenden Informationen:

→ Projektverantwortlicher (u. U. Teamleiter)
→ Projektstart und geplantes Projektende
→ Projektbezeichnung
→ geplante Einsparung
→ relevanter Einkaufsanteil (wenn andere Bereiche beteiligt sind)
→ relevante Einkaufseinsparung
→ realisierte Einsparung
→ realisierte Einkaufseinsparung

Der Nachweis einer Einsparung ist oft nur schwer zu erbringen. Häufig löst die Errechnung von Einsparungen aus solchen – allgemein erwünschten – Maßnahmen Diskussionen aus. Die Maßnahme ist richtig – nicht jedoch die ermittelte Einsparung. Es sollten daher die Kosteneffekte und die Berechnung der Einsparungen aus Prozessoptimierung schon im Vorfeld – bevor das Projekt begonnen wird – mit dem Unternehmens-Controlling abgestimmt werden. Wird keine nennenswerte – rechenbare – Einsparung zu erwarten sein, lohnt es sich eher, ein anderes Projekt vorzuschlagen und in Angriff zu nehmen.

Gleiches gilt für die Aufteilung der Ergebnisse, wenn mehr als nur ein Bereich (Einkauf) beteiligt ist. Hier ist auf eine leistungsgerechte Aufteilung zu achten. Wer – schon im Vorfeld – wenig Leistungsbereitschaft erkennen lässt, darf auch keine nennenswerten Anteile am Erfolg erwarten.

Auf verschiedenen Einkaufsprojekte und deren Controlling wird im Folgenden eingegangen.

7.6 Controlling und Reporting von Einsparungen

In den meisten Unernehmen werden alle drei aufgeführten Einsparungsmöglichkeiten relevant sein. Vielleicht macht es beim Investitionseinkauf sogar Sinn, die Erfolge aus Verhandlungen zu planen und weiter zu verfolgen. In diesem Fall empfiehlt sich die gleiche Vorgehensweise wie zum Projekteinkauf erläutert.

Zum Controlling und Reporting empfiehlt sich ein Summenblatt wie in Abbildung 22 dargestellt. Diese umfasst alle Arten der Einsparungen mit

→ Zielvereinbarung (Soll)
→ Aktuellem Stand zum Stichtag
→ Aktuelle Abweichung zur Zielvereinbarung

Auf diese Art und Weise kann auf einen Blick erkannt werden, wie die Erwartungshaltung in der Budget-Phase war, was sich inzwischen als Erfolg – oder Misserfolg – eingestellt hat und was zu tun bleibt. Gegebenenfalls ist zu überlegen, wie Probleme auf der einen Seite durch geeignete Maßnahmen an anderer Stelle kompensiert werden können. Hier ist Ideenreichtum gefragt. Das Verfehlen der vereinbarten Ziele stört empfindlich das Unternehmenskonzept.

Ziel-Überprüfung
Einkaufsergebnisse (Einsparungen)

Ergebnisse aus	Soll 2009		Ist 01/2009		Differenz	
	Vol. k€	Res. k€	Vol. k€	Res.k€	Vol. k€	Res. k€
Wiederholmaterial	100.000	-1.000	5.516	-939	-94.484	61
Projektmaterial	10.000	-1.250	218	-14	-9.782	1.236
Einkaufsprojekten		-1.500		-260	0	1.240
Gesamt	110.000	-3.750	5.734	-1.213	-104.266	2.537

Unternehmen/Bereich
Name

Datum
(Stichtag)

Abbildung 22

Rechtzeitiges Erkennen von Problemen ist jedoch nur dann möglich, wenn das Controlling regelmäßig durchgeführt wird. Monatliche Überprüfung ist selbst dann sinnvoll, wenn das Reporting vierteljährlich vereinbart ist. Der eigene Überblick (Selbstcontrolling) ist diesen Aufwand wert.

Grundsätzlich macht Controlling nur dann Sinn, wenn die Grundsätze in entsprechenden Regelwerken eindeutig beschrieben sind und auch eingehalten werden. Sobald die Grundsätze unterlaufen werden, wird Controlling zur Farce. Daher sind Regelverstöße deutlich zu ahnden.

Es ist darauf zu achten, dass das System nicht unterlaufen oder ausgehöhlt wird. Typisch hierfür ist z. B. die Behandlung von Boni und Skonti. Die Erträge hieraus sind zum Zeitpunkt des Eintreffens zu berichten. Eine Umwandlung von Boni und Skonti in Direktnachlässe ist erwünscht, stellt jedoch keine zusätzliche Einsparung dar.

Soweit mehrere Einheiten eines Unternehmens bzw. einer Gruppe berichten, muss die Berichterstattung in gleicher Weise, möglichst in das gleiche Medium erfolgen. Den Berichtenden ist zu empfehlen, Meldungen an verschiedene Stellen in gleicher Weise zu gestalten. Unterschiedliche Meldungen (= unterschiedliche Werte) in gleicher Sache an verschiedene Stellen zu geben, führt spätestens nach einiger Zeit zur Konfusion. Die dann folgenden Rückfragen zu beantworten ist sehr aufwendig und wenig angenehm!

8. Just-in-Time – gerade recht

8.1 Grundsätzliches zu „rechtzeitig"

Wer möchte nicht „gerade rechtzeitig" beliefert werden? Das Material soll genau dann verfügbar sein, wenn es benötigt wird. Wenn dieser ideale Zustand erreicht ist, kommt man nicht nur ohne Sorgen, sondern auch ohne jede Planung aus, meinen manche „Experten". Wenn alles rechtzeitig verfügbar ist, wozu muss dann noch geplant werden, mit Forecast und ähnlichen aufwendigen Vorgängen, die schließlich und endlich doch nicht wirklich genau sind? Kann dann endlich Aufwand reduziert werden?

Eher ist das Gegenteil der Fall. Just-in-Time kann nur dann funktionieren, wenn die Bedarfe „nicht vom Himmel fallen", sondern die Bedarfsdeckung rechtzeitig organisiert werden konnte. Es ist also ein intensiver Informationsaustausch zwischen Kunde und Lieferant erforderlich.

Die Basis für Just-in-Time-Versorgung ist stets eine entsprechende Vereinbarung, die zum einen die gegenseitigen Rechte und Pflichten regelt, vor allem aber auch die Prozesse. Nur die Einhaltung bestimmter Prozesse kann zu einer wirklich sicheren Versorgung führen. Andernfalls bleibt die Vereinbarung wirkungslos.

Just-in-Time-Prozesse werden unterschiedlich zu gestalten sein. Es kommt darauf an, was der Gegenstand der Vereinbarung ist:

→	stets gleiches Material in gleicher Ausführung
→	adäquates Material in wechselnden Varianten

In beiden Fallen sind Just-in-Time-Konzepte möglich, jedoch in unterschiedlicher Form. Bei stets gleichem Material ist KANBAN möglich, was die Abkopplung der Fertigung von der Bestellung ermöglicht, im anderen Fall nicht. Gleichwohl sind stets eindeutige Verabredungen zu treffen hinsichtlich

→	Anlieferort
→	Verpackung
→	Lieferzeit nach Bestellung bzw. Abruf
→	Lieferplan/Forecast

→ Qualitätsprüfung

→ „Notfall-Management"

Der schönste Vertrag, die beste und in allen Einzelheiten perfekte Vereinbarung nutzt wenig, wenn die beiden Vertragspartner sich hieran nicht halten. Fehlende oder unzureichende Planzahlen auf der einen Seite zählen hierzu ebenso wie unpünktliche oder mangelhafte Lieferung auf der anderen. Vereinbarungen über Just-in-Time-Belieferung machen also nur dann Sinn, wenn beide Parteien zuverlässig sind und den Vertrag nicht nur einhalten wollen, sondern auch können. Leichtfertige Versprechungen – gleich von welcher Seite – werden im Tagesgeschäft sehr schnell entlarvt.

Just-in-Time bedeutet nicht zuletzt logistische Standortnähe und kurze Prozesszeiten. In einem reibungslos funktionierenden Just-in-Time-Prozess ist Lagerung beim Kunden nicht mehr erforderlich, nur noch ein Handvorrat in der Fertigung. Wird dadurch die Lagerung auf den Lieferanten abgewälzt? Durch die Verbesserung der verfügbaren Informationen kann der Lieferant auch seine Prozesse einschließlich der Lagerung über alle Prozessstufen hinweg optimieren. Dies muss in der Summe zu weniger Beständen führen. Die Summe des Bestandswertes ist ausschlaggebend für die Effektivität und nicht der Lagerort.

Die Beanstandung und Zurückweisung einer Lieferung, die Just-in-Time erfolgt ist, führt nahezu zwangsläufig zu einer empfindlichen Störung der Versorgung. Schließlich soll der Eingang des Materials erst dann erfolgen, wenn es wirklich benötigt wird. Es gibt also keine nennenswerten Pufferzeiten. Aus diesem Grunde müssen gerade in Zusammenhang mit Just-in-Time-Vereinbarungen auch die Qualitätssicherungsmaßnahmen betrachtet werden. Eine Wareneingangsprüfung, die technische Details prüft, macht dann keinen Sinn. Lediglich eine Plausibilitätskontrolle sollte beim Wareneingang stattfinden. Es muss ausreichen sicherzustellen, dass wirklich das erforderliche Material in Menge und Spezifikation eingetroffen ist, also keine Verwechslung vorliegt. Die gleiche Sorgfalt muss einem möglichen Transportschaden gelten.

Die technische Überprüfung durch den Lieferanten im Hinblick auf Übereinstimmung mit den Anforderungen des Kunden an das Produkt (Ausgangskontrolle) muss so konsequent erfolgen, dass eine entsprechend umfangreiche Eingangskontrolle beim Kunden nicht mehr erforderlich ist. Es ist also eine Vereinbarung über Qualitätssicherungsmaßnahmen dringend erforderlich. Diese muss auch Einzelheiten über die durchzuführenden Produktprüfungen beinhalten. An entsprechend eindeutigen Regelungen sollten beide Seiten sehr interessiert sein. Durch vorbeugende Maßnahmen können spätere Probleme nachhaltig vermieden werden.

Genaue Termineinhaltung ist der Kernpunkt der Vereinbarung. Zu frühe wie zu späte Lieferungen stören. Dies bedingt vor allem beim Lieferanten ein hohes Maß an Prozesssicherheit und Prozesskontrolle. Störungen im internen Prozess des Lieferanten müssen selten sein. Für den Fall, dass sie auftreten, müssen sie rasch erkannt und beseitigt werden. Die durch den Lieferanten eingeleiteten Sondermaßnahmen müssen so effizient sein, dass der Kunde diese Störung gar nicht merkt. Ist diese Störung nicht rechtzeitig zu beheben, ist der Kunde so rechtzeitig zu informieren, dass ihm eine rechtzeitige Änderung seiner Prozesse möglich ist. Gegebenenfalls werden gemeinsam Alternativen besprochen und vereinbart.

8.2 Just-in-Time – immer etwas anderes

Gerade kundenauftragsspezifische Komponenten immer termingerecht zu bekommen, ist nicht einfach. Die Beschaffung in ihrer Art häufig wiederkehrender Komponenten kann jedoch durch entsprechende Verträge mit Lieferanten vereinfacht werden. Dazu sind die Bedürfnisse von Kunden und Lieferant aufeinander abzustimmen. Die Übermittlung von Planwerten ermöglicht dem Lieferanten

→   Bevorratung Vormaterial

→   Reservierung von Kapazitäten

→   Anarbeitung bis zu einem bestimmten Niveau

→   rasche Reaktion auf konkrete Bestellung

→   kurze Lieferzeit für das Material

→   Abnahme-Verpflichtungen

So wird selbst bei komplexen Komponenten eine deutlich verkürzte Lieferzeit möglich. Eine Just-in-Time-Versorgung ist ein Vorteil in sich, da nicht zuletzt die Kapitalbindung reduziert und meist knappe Flächen frei werden. Dennoch ist sehr häufig eine zusätzliche Preissenkung mit einer solchen Regelung verbunden. Nicht nur der Kunde, auch der Lieferant gewinnt mehr Flexibilität und kann diese in Kostensenkungen umsetzen.

8.3 KANBAN – Karte mit Folgen

Der Begriff „KANBAN" ist aus der japanischen Sprache entnommen und ist gleichbedeutend mit „Karte". Die Rede ist hier von der Karte, die das Fertigen des „Nachschubs" veranlasst. KANBAN wird praktiziert mit Materialien, die stets in gleicher Form benötigt werden. Im Idealfall wird ein neues Behältnis mit Bauteilen angefordert, wenn das vorhandene volle Behältnis angebrochen wird. 2-Boxen-Prinzip: Die Bauteile aus dem angebrochenen Behältnis gehen erst aus, wenn das neu georderte Behältnis gerade eingetroffen ist.

Auch wenn es sich hier um „Standard-Material" handelt, ist eine sorgfältige Planung und konsequenter Austausch der entsprechenden Informationen ratsam. Insbesondere Informationen über Bedarfsschwankungen tragen zu Steigerung der Versorgungssicherung bei bzw. verhindern unnötigen Aufwand.

Das Verfahren ist unkompliziert. Es bedingt operativ nicht unbedingt EDV-Unterstützung. Der Bedarfsträger ruft mit der Karte direkt beim internen oder externen Lieferanten ab. In anderen Unternehmen wird die Karte oder eine entsprechende EDV-Information in einen formalen Abruf umgesetzt und an den Lieferanten geschickt. Der Abruf beinhaltet stets das gleiche Material in der gleichen Menge. Auch die Vorlaufzeit, also die vereinbarte Lieferzeit ist stets gleich. Lediglich die Zeit zwischen zwei Abrufen ist variabel.

Am besten funktioniert das System bei stets gleichbleibendem Bedarf. Die KANBAN-Menge (Abruf-Menge) ist so zu bemessen, dass sie sicher für die Zeit bis zum Eintreffen der nächsten Lieferung ausreicht. Die Lieferzeit kann extrem kurz sein, da der Lieferant in die Lage versetzt wird, auf Lager zu arbeiten und somit seine Fertigung zu optimieren. Sich hierdurch ergebende Rechte und Pflichten sind vertraglich eindeutig zu regeln.

8.4 Just-in-Time-Controlling

Der Abschluss von Vereinbarungen mit Lieferanten zum Thema „Just-in-Time" ist von großer wirtschaftlicher Bedeutung. Die positiven Auswirkungen dieser Prozesse sind eindeutig. Die Vorbereitung, Verhandlungen mit Lieferanten, Klärung aller Fakten und Erfordernisse bis in alle

Details ist jedoch recht aufwendig. Die Vorteile aus einer solchen Abwicklung liegen vor allem beim Verbraucher/Bedarsträger. Der Aufwand, der zum Herbeiführen der Situation zu betreiben ist, liegt vorwiegend im strategischen Einkauf.

Dieser Aufwand dürfte im wesentlichen von dem jeweils zuständigen Einkäufer zu leisten sein, der dann auch für den Vertrag verantwortlich ist. Der Einkaufsleiter wird die Bemühungen koordinieren und vor allen Dingen mit dem notwendigen Nachdruck vorantreiben. Erfolgreich können diese Aktivitäten nur dann sein, wenn die Betroffenen Einkäufer in das Ziel „Ausbau Just-in-Time-Versorgung" eingebunden werden. Die Mitarbeiter müssen ihren Anteil konkret erkennen können. Daher ist es sinnvoll, Zielvereinbarungen auf Mitarbeiterebene zu treffen. Ausgangsbasis muss das vorhandene Potenzial für Just-in-Time-Lieferungen sein. Relevant für die Zielerreichung ist der Abschluss der entsprechenden Verträge mit den ausgewählten Lieferanten. Diese Aussage ist zu ergänzen um das Jahresvolumen, das mittels Just-in-Time-Prozess abgewickelt werden soll. Die Anzahl Positionen könnte ebenfalls als Messgröße dienen. Da es sich aber (im Gegensatz zum Warenhaus-Konzept) um eher werterhebliche Materialien handelt, reichen Angaben zum Jahresvolumen im allgemeinen aus. Für das Controlling kann auf eine Differenzierung zwischen möglichen Varianten verzichtet werden.

Controlling Just-in-Time-Vereinbarungen

Mitarbeiter Einkausgruppe	Ziel-vereinbarung		Ist I/2009		Ist II/2009		Ist III/2009		Ist IV/2009		Abweichung	
	Anzahl	k€	Anzahl	k€	Anzahl	k€	Anzahl	k€	Anzahl	k€	Anzahl	k€
H. Gross	3	260	1	120							-2	-140
F. Klein	1	95	0	0							-1	-95
S. Kurz	4	206	0	0							-4	-206
P. Lange	3	225	1	98							-2	-127
A. Adam	2	330	1	210							-1	-120
Z. Huber	0	0	0	0							0	0
M. Müller	1	45	1	45							0	0
Gesamt	14	1.161	4	473	0	0	0	0	0	0	-10	-688

Abbildung 23

Abbildung 23 zeigt ein Beispiel für das Controlling zur Einführung von Just-in-Time-Prozessen. Ein vierteljährliches Controlling sollte ausreichen, um die Zielerreichung sicherzustellen.

9. C-Teile-Management

9.1 Grundsätzliches

Wie bereits in Zusammenhang mit der Portfolio-Analyse erläutert, dient C-Teile-Management vor allem zur Einsparung durch Prozessvereinfachung. Vor diesem Hintergrund ist C-Teile-Management eine Form von Business-Reenginieering. Es kann im wesentlichen folgende Materialien betreffen:

→ Kostenstellenmaterial
  → Büro- und Zeichenbedarf
  → geringwertige Güter
  → Verbrauchswerkzeuge
→ Hilfs- und Betriebsstoffe
  → Schmierstoffe
  → technische Gase
→ geringwertiges Produktionsmaterial (Rohstoffe)
  → Befestigungsmaterial
  → sonstige Kleinteile

Betrachtet man die infrage kommenden Materialien aus Sicht der Disposition, so kann es sich sowohl um identifiziertes als auch nicht identifiziertes Material handeln.

Im Rahmen des C-Teile-Management werden Prozesse der Materialversorgung mithilfe geeigneter Lieferanten und/oder spezieller Dienstleister so neugestaltet, dass sie deutlich effektiver werden. Zum einen ergeben sich hieraus Effekte, die zu Kosteneinsparungen führen, zum anderen werden Prozesse schneller. Letzteres führt zu mehr Flexibilität. Auch hieraus erwachsen häufig – allerdings meist unkalkulierbare – Kostenvorteile.

Ein Teilaspekt im C-Teile-Management ist stets die Konzentration des Bedarfs auf wenige Lieferanten (Optimierung der Lieferantenanzahl). Erst dadurch werden weitergehende Maßnahmen möglich.

Diese können z. B. sein:

→   Händler-Konzepte
→   E-Procurement (elektronische Kataloge)
→   Warenhaus-Konzepte (Vendor Managed Inventory = VMI)
→   Purchasing Card-Systeme

Planung und Durchführung von C-Teile-Management werden meist in Form von funktionsübergreifenden Teams betrieben. Ausgangsbasis ist stets eine „Ist-Aufnahme". Es gilt, einen hinreichenden Überblick über den derzeitigen Beschaffungsprozess für C-Materialien zu gewinnen. Hierzu wird der Prozess mit allen Teilschritten von der Bedarfserkennung bis zur Ablage der Dokumente aufgenommen. Sofern es unterschiedliche Prozesse in diesem Zusammenhang gibt, sind diese unabhängig von einander zu betrachten.

Die einzelnen Teilschritte sind zu listen. Hierzu sollte der Ablauf der Beschaffung (oder mehrerer typischer Vorgänge) möglichst physisch abgegangen werden. Dies macht eine lückenlose Erfassung aller Teilschritte möglich. Weiterhin ist eine Zeiterfassung durchzuführen. Hierzu empfiehlt es sich, die betrieblichen Fachleute (REFA-Fachleute) hinzuzuziehen. Auch wenn diese sonst üblicherweise im technischen Bereich tätig sind, hilft ihre Erfahrung auch bei der zeitlichen Bewertung der Teilschritte bei der Beschaffung. Für die Bewertung der erfassten Zeiten wird das Unternehmens-Controlling mit Stundensätzen Hilfestellung leisten können. Durch die Einschaltung der Fachstellen hat die Ist-Aufnahme Anspruch auf Vollständigkeit. Sie wird nicht leicht in Kritik geraten.

Durch parallele Erfassung der „Liegezeiten" kann neben der Ermittlung der Prozesszeiten auch die Durchlaufzeit des gesamten Prozesses festgestellt und analysiert werden. Liegezeiten ergeben sich, wenn der Prozess (z. B. „Vorgang prüfen und unterschreiben") zwar nur 5 Minuten Arbeitszeit in Anspruch nimmt, es aber durchschnittlich 3 Stunden dauert, bis tatsächlich mit der Bearbeitung des Vorgangs begonnen wird. Die Durchlaufzeit eines Prozesses wird weitgehend von der Anzahl der Prozessschritte und den dazwischen liegenden Liegezeiten bestimmt. Die eigentliche Prozesszeit verursacht zwar die direkt ausgabewirksamen Kosten, nimmt aber die bei weitem geringere Zeit in Anspruch. Liegezeiten kosten nur indirekt Geld, z. B. durch erhöhte Bestände (zum Teile inoffizielle Bestände), Rückfragen usw.

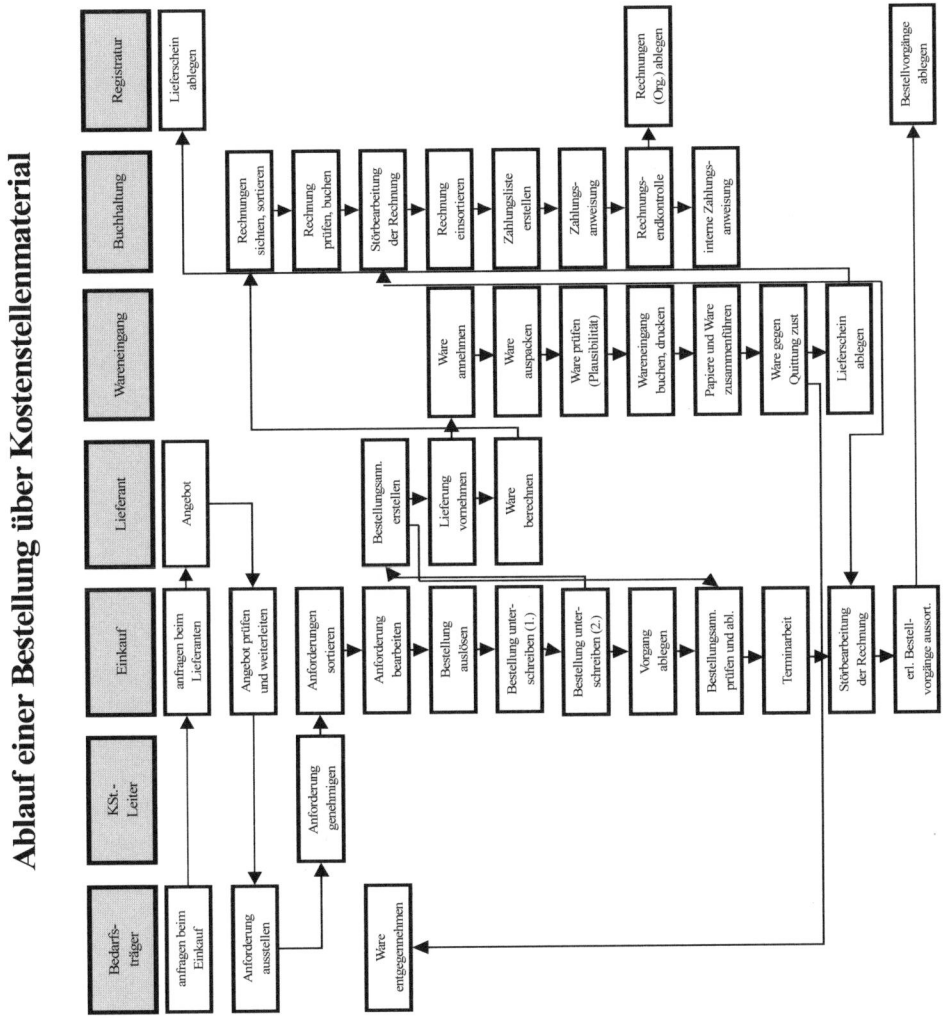

Abbildung 24

Abbildung 24 zeigt den – aufwendigen – Weg, den ein Beschaffungsvorgang nehmen muss, wenn er konventionell betrieben wird. Der gesamte Prozess wird in seinen Teilschritten dargestellt. Aus Gründen der Vereinfachung und Verbesserung der Transparenz wurden Transporte aller Art nicht als gesonderte Prozessschritte abgebildet. Sie sind nur durch die Verbindungslinien dargestellt.

Ist-Aufnahme Bestellablauf

Prozessschritt	Ort/Abteilung	Prozesszeit Minuten	Kosten/Stunde €	Prozesskosten €	Liegezeit Minuten
anfragen bei Einkauf	Bedarfsträger				
anfragen bei Lieferant	Einkauf				
Angebot prüfen und weiterleiten	Einkauf				
Anforderung ausstellen	Bedarfsträger				
Anforderung genehmigen	Kostenstellen-leiter				
Anforderungen sortieren und zuordnen	Einkauf				
Bestellung auslösen	Einkauf				
Bestellung unterschreiben 1. Unterschrift	Einkauf				
Bestellung unterschreiben 2. Unterschrift	Einkauf				
Vorgang ablegen	Einkauf				
Bestellungsannahme prüfen und ablegen	Einkauf				
Teriminarbeit	Einkauf				
Ware annehmen	Wareneingang				
Ware auspacken	Wareneingang				
Ware prüfen (auf Plausibillität)	Wareneingang				
Wareneingang buchen, Papiere drucken	Wareneingang				
Papiere und Ware zusammenführen	Wareneingang				
Ware gegen Quittung zustellen	Wareneingang				
Lieferschein ablegen	Wareneingang				
eingegangene Rechnungen sichten und sortieren	Buchhaltung				
Rechnung prüfen und buchen	Buchhaltung				
Störberarbeitung Rechnung	Buchhaltung				
Störberarbeitung Rechnung	Einkauf				
erledigte Bestellvorgänge aussortieren	Einkauf				
Rechnung einsortieren	Buchhaltung				
Zahlungsliste erstellen	Buchhaltung				
Zahlung anweisen	Buchhaltung				
Rechnungs-Endkontrolle	Buchhaltung				
Intene Zahlungsanweisung	Buchhaltung				
Lieferschein archivieren	Registratur				
Rechnung archivieren	Registratur				
Bestellvorgang archivieren	Registratur				
Gesamt					

Abbildung 25

84

Abbildung 25 zeigt die Auflistung der einzelnen Prozessschritte und deren Bewertung. Hier können nur geplante Prozessschritte aufgeführt werden. Ungeplante Prozessschritte (z. B. Rückfragen), die vor allem auf Liegezeiten und die dadurch verursachte Länge des gesamten Prozesses beruhen, können nicht berücksichtigt werden.

Weiterhin sind festzuhalten:

→   Material
→   Bedarfsträger
→   Lieferant

Es ist wichtig, nicht nur die Werte, sondern vor allem die Anzahl der Transaktionen zu ermitteln. Die Transaktionskosten (Kosten je durchgeführtem Prozess) sind unabhängig vom Warenwert!

9.2 Händler-Konzepte

Die Konzentration des Bedarfes einer Materialgruppe auf einen Lieferanten ist häufig der Anfang jedes C-Teile-Managements. In der Regel handelt es sich um einen technischen Händler. Soweit erforderlich kauft der Lieferant „Fremdprodukte", die normalerweise nicht zu seinem Vertriebsprogramm gehören, zu.

Händler-Konzepte eignen sich vor allem für Handelswaren. Es kann sich hierbei sowohl um identifiziertes als auch um nicht identifiziertes Material handeln. Durch die gezielte Konzentration auf einen Lieferanten wird der Sourcing-Aufwand reduziert. Für sich betrachtet sind die hierdurch erzielten Einsparungen meist unerheblich. Der Vorteil liegt in dem neu gewonnenen Einfluss auf den verbliebenen – jetzt bevorzugten – Lieferanten. Nahezu zwangsläufig steigt dessen Interesse. Sourcing-Aufwand wird auf den Lieferanten übertragen. Dies führt zu zügiger und sicherer Verfügbarkeit der zu beschaffenden Materialien. So kann ein Händler-Konzept auch in Zusammenhang mit der Optimierung der Lieferantenanzahl betrachtet werden.

Händler-Konzepte

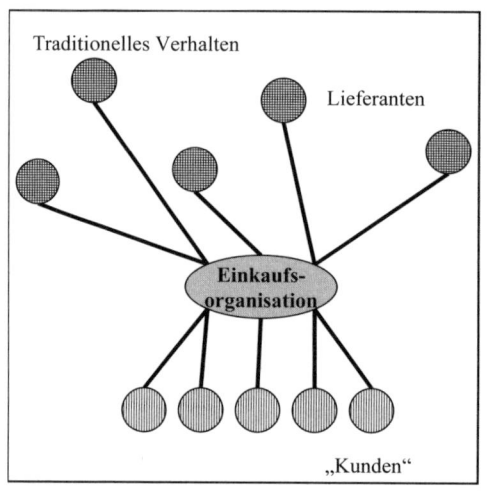 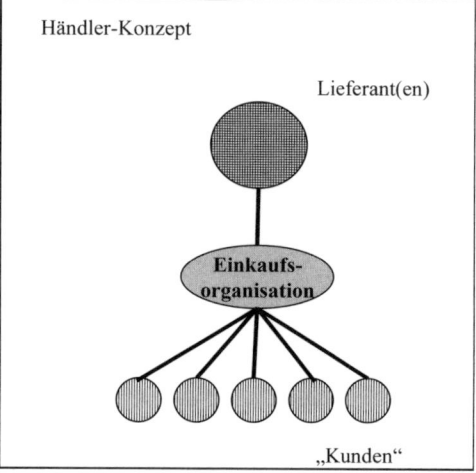

Abbildung 26

Händler-Konzepte sind häufig Vorläufer oder Basis weitergehender Konzepte. Abbildung 26 macht den Unterschied zwischen der traditionellen Beschaffung und einem Händler-Konzept deutlich. Ist bei einem traditionellen Verhalten die Einkaufsorganisation zwingend als Koordinationsstelle zwischen vielen „Kunden" und vielen Lieferanten erforderlich, so stellt sich beim Händler-Konzept die Frage, warum der Flaschenhals „Einkaufsorganisation" für die Abwicklung jeder einzelnen Bestellung sein muss.

Es empfiehlt sich, den Erfolg eines solchen Konzeptes an den Wegfall von (C-) Lieferanten einer bestimmten Materialgruppe zu knüpfen. Das Controlling entspricht somit dem der Optimierung der Lieferantenanzahl. Einsparungen durch Preissenkungen dürften keine große Rolle spielen. Preisveränderungen werden aber in jedem Fall durch das Controlling der Einsparungen erfasst.

9.3 Warenhaus-Konzepte (VMI)

Bestellungen werden überflüssig. Der ausgewählte Lieferant füllt von sich aus die Fächer im Betrieb auf. So einfach klingt ein Warenhaus-Konzept. Es zeichnet sich durch einen hohen Integrationsgrad des Lieferanten aus.

Die Bedarfe einer bestimmten Materialgruppe werden auf einen Lieferanten gebündelt. In der Regel handelt es sich hierbei um einen Händler. Dieser füllt – zu vereinbarten Zeiten – die festgelegten Pufferplätze mit den entsprechenden Materialien auf. Das System wird meist für Handelswaren wie Befestigungsmaterial (Schrauben, Muttern, Zubehör) verwendet. Es ist jedoch auch für unkomplizierte Zeichnungsteile, wie z. B. Drehteile, Stanzteile, oder kleinere Kunststoffteile, Elektronikartikel usw. anwendbar.

Ein Warenhaus-Konzept kann stets nur identifiziertes Material beinhalten. Es lebt davon, dass Materialien und Pufferplätze eindeutig beschrieben sind. Durch die gezielte Konzentration des Bedarfs auf einen Lieferanten entsteht während der Vertragslaufzeit kein weiterer Sourcing-Aufwand mehr. Der Abwicklungsaufwand ist extrem reduziert. Dies geht aus der Abbildung 27 hervor. Neben dem Bestellprozess entfallen auch Wareneingang, Ein- und Auslagerung. Der physische Wareneingang findet am Ort des Verbrauchs statt. Der Beschaffungsvorgang wird auf Bezahlung und Verbrauch reduziert.

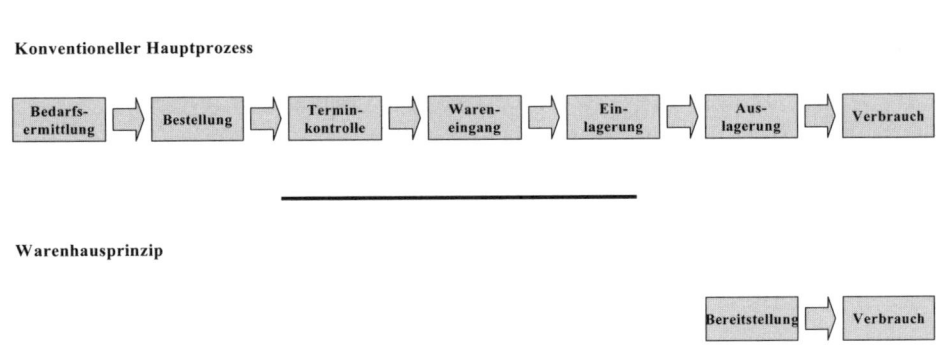

Materialversorgung
(Kleinmaterial)

Konventioneller Hauptprozess

| Bedarfs-ermittlung | Bestellung | Termin-kontrolle | Waren-eingang | Ein-lagerung | Aus-lagerung | Verbrauch |

Warenhausprinzip

| Bereitstellung | Verbrauch |

Abbildung 27

Die in Abbildung 25 dargestellte Liste muss also noch um die Aufwendungen für Ein- und Auslagerung erweitert werden, um eine Vergleichbarkeit mit der bisherigen Vorgehensweise zu gewähren. Hierbei ist zu berücksichtigen, dass die Anzahl Auslagerungen in aller Regel die der Einlagerungen weit übersteigt.

Im einzelnen ist wie folgt vorzugehen:

→ geeignete Materialgruppen ermitteln
→ geeignete Lieferanten ermitteln (regional und überregional)
→ Abwicklungssysteme vergleichen
  → manuelle Aufnahme, Barcode, Internet-Überwachung
  → Zahlungszeitpunkt (bei Auffüllen oder nach Entnahme)
  → Produktumfang (Erweiterungsmöglichkeiten)
→ Lieferanten auswählen
→ interne Prozesse festlegen

Besondere Beachtung verdient die Aufnahme. Vor einer rein manuellen Aufnahme muss gewarnt werden. Sie weist das größte Fehlerpotenzial auf. Ein Barcode-System hilft, Fehler bei der Aufnahme zu vermeiden.

Inzwischen sind auch internetgestützte Systeme in die Praxis eingeführt. Eine sehr einfache Überwachung ist mithilfe einer Webcam möglich. Der Füllgrad der Behältnisse (soweit nicht voll/leer) muss jedoch oft geschätzt werden. Interessanter ist die Überwachung mittels Gewichtssensoren unter den einzelnen Behältern. Zur Übertragung der Information an den Lieferanten erübrigt sich jede physische Aufnahme. Der Lieferant hat permanenten Zugriff auf die Bestandsinformationen mittels Internet oder erhält diese in kurzen Zeitabständen.

Infolge der Bedarfsbündelung ist die Service-Leistung des Lieferanten oft zum „0-Tarif" zu bekommen. Der inzwischen gegebene Wettbewerb zwischen den Serviceanbietern beeinflusst dies positiv. Wenn dies nicht der Fall ist, werden die Mehrkosten (höhere Preise) gegen die messbaren Vorteile im Prozess gegengerechnet.

Ziel der Maßnahme ist eine Einsparung durch Re-Engineering. Diese kommt zur Geltung durch:

→ Prozessverschlankung

→ Bestandsreduzierung

→ Reduzierung Lagerfläche/Personal

Die Zielvereinbarung kann vorzugsweise mit dem für die entsprechende Warengruppe verantwortlichen Einkäufer getroffen werden. Diese sollte einfach gestaltet sein und könnte zum Beispiel lauten:

→ Anzahl – neuer – Warenhaus-Positionen

→ Jahresverbrauchswert – neuer – Warenhauspositionen

Eine Nebenabsprache kann den maximal zulässigen Aufpreis für das neue Konzept regeln.

Für die Ergebnisrechnung zum Einkaufs-Projekt „Warenhaus-Konzept" sind detailliertere Berechnungen gefragt. Hierzu sind anzusetzen

+ Anzahl entfallener Bestellungen x Prozesskosten (siehe Abbildung 25)

+ Anzahl entfallener Einlagerungen x Prozesskosten

+ Anzahl entfallener Auslagerungen x Prozesskosten

+ frei werdende Lagerfläche/Fächer x anteilige Raumkosten

± Summe Preisdifferenz zwischen bisherigem und künftigem Konzept

= Einsparung

9.4 E-Procurement

Hier handelt es sich um ein internet-basiertes Werkzeug, das möglichst vielen Mitarbeitern eines Unternehmens den direkten Weg zum Beschaffungsmarkt ermöglichen soll. Mittels eines – vorbestimmten – elektronischen Katalogs kann auf einfache Art und Weise bestellt und bezogen werden. Die Bestellung erfolgt über das Internet. Kontroll- und Genehmigungsprozesse sind in den elektronischen Prozess integriert.

Die Katalogpflege erfolgt durch den Lieferanten, der für alle Änderungen die Zustimmung des Einkaufs braucht.

Meist ist mit dem E-Procurement auch ein vereinfachter Wareneingang verbunden. So wird Bürobedarf direkt an den Besteller geliefert. Der „Umweg" über den Wareneingang entfällt.

In ein E-Procurement-System sind im allgemeinen mehrere Lieferanten einbezogen. Die mögliche Produktpalette umfasst den gesamten Bereich des Kostenstellenbedarfs und der Hilfs- und Betriebsstoffe.

In den meisten marktüblichen Systemen erfolgt die Zahlung im Gutschriftsverfahren. Wenn dies nicht der Fall ist, sollte Wert auf eine elektronische Rechnung gelegt werden. Diese muss so gestaltet sein, dass die Einzelbeträge automatisch auf Kostenstelle bzw. Kostenträger gebucht werden können. Andernfalls kann der Erfolg beim Einkaufen (schnell und unkompliziert) durch Aufwendungen bei der Nachbehandlung (Kostenverrechnung) verspielt werden. Besonderes Augenmerk ist auf die Freigabe der elektronischen Abrechnung durch die Finanzbehörden zu legen. Sofern dieser nicht vorliegt, kann auf den Einzelnachweis (= Einzelbelege) für den Mehrwertsteuerabzug nicht verzichtet werden!

Für das Controlling sind die in Abbildung 25 aufgeführten Prozessschritte zu betrachten. Welche wurden ganz oder teilweise eingespart? Der sich hieraus ergebenden Bewertung der Brutto-Einsparungen sind die Aufwendungen für das System entgegenzustellen. Hierzu zählen nicht zuletzt die Lizenzgebühren an den Lizenzgeber. Auch der Unterhalt des Systems ist nicht völlig kostenlos zu haben.

9.5 Purchasing Card-System

Die aus den USA kommenden Systeme sind für die kostengünstige und schnelle Bedarfsdeckung für Kleinbedarfe gedacht. Sie eignen sich vor allem für geringwertige Bestellungen, die kein Gefahrgut darstellen. Es sollte sich nicht um identifiziertes Material handeln. Es geht also im wesentlichen um Kostenstellenbedarfe.

Auch dieses System erlaubt, möglichst viele Mitarbeiter direkt bestellen zu lassen. Bestellungen können erteilt werden

→ persönlich vor Ort

→ telefonisch

→ formlos per Telefax

→   formlos per E-Mail

→   elektronisch (E-Procurement)

Kunden und Lieferanten sind vertraglich in das System eingebunden, das die Abläufe regelt. Aufgrund durch den Einkauf geregelter Bezugsmöglichkeiten, bestellt der Bedarfsträger direkt beim Lieferanten. Der Kunde identifiziert sich und bestellt. Der Lieferant lässt die Korrektheit des Vorgangs über das System bestätigen und liefert direkt. Die Berechnung erfolgt über das System mittels Monatsabrechnung direkt an den Kunden. Diese Abrechnung enthält alle Einzelvorgänge über alle eingebundenen Lieferanten hinweg. Neben einer finanzrechtlich vollgültigen Handelsrechnung wird eine elektronische Rechnung übermittelt, die eine automatische interne Verrechnung der Einzelbeträge auf Kostenstelle bzw. Kostenträger erlaubt.

Die Vorteile dieses Systems liegen in

→   der unkomplizierten Anwendung

→   der direkten Kommunikation zwischen Bedarfsträger und Lieferant

→   der Möglichkeit, viele Nutzer (Bedarfsträger wie Lieferanten) direkt zu integrieren

→   der exzellenten Abrechnung

Beispiel einer Auswertungsstruktur

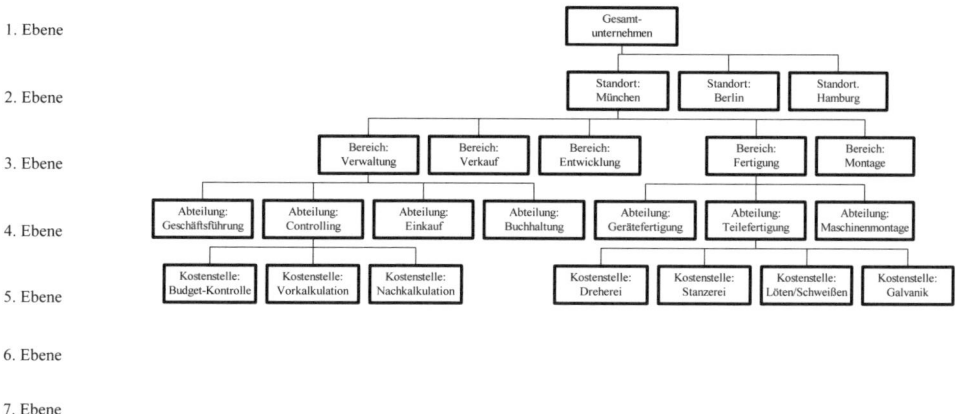

Abbildung 28

91

Durch Zulassungen zum Bezug (Kartenhalter) mit eindeutigen Regeln (z. B. Wertgrenzen je Monat und Einzelvorgang), was bei wem zu welchen Konditionen gekauft werden kann, wird Missbrauch verhindert. Über Management-Informationssysteme lassen sich „ungewöhnliche Vorgänge" leicht nachvollziehen.

Abbildung 28 zeigt die mögliche Auswertungsstruktur eines solchen Management-Informationssystems. Aller Wahrscheinlichkeit nach bietet eine derartige Auswertungsstruktur einen besseren Überblick als die üblichen ERP-Systeme es z. B. für – nicht identifizierte – Kostenstellenbedarfe ermöglichen.

Als Ausgangsbasis für ein Controlling kann die in den Abbildungen 24 und 25 beschriebene Ist-Aufnahme dienen. Dieser wird die in Abbildung 29 dargestellte Struktur der Purchasing Card-Bestellung gegenübergestellt. Noch aussagekräftiger ist Abbildung 30, in der die entfallenden Prozessschritte gekennzeichnet sind.

Ablauf einer Bestellung im Fall einer Purchasing Card-Abwicklung

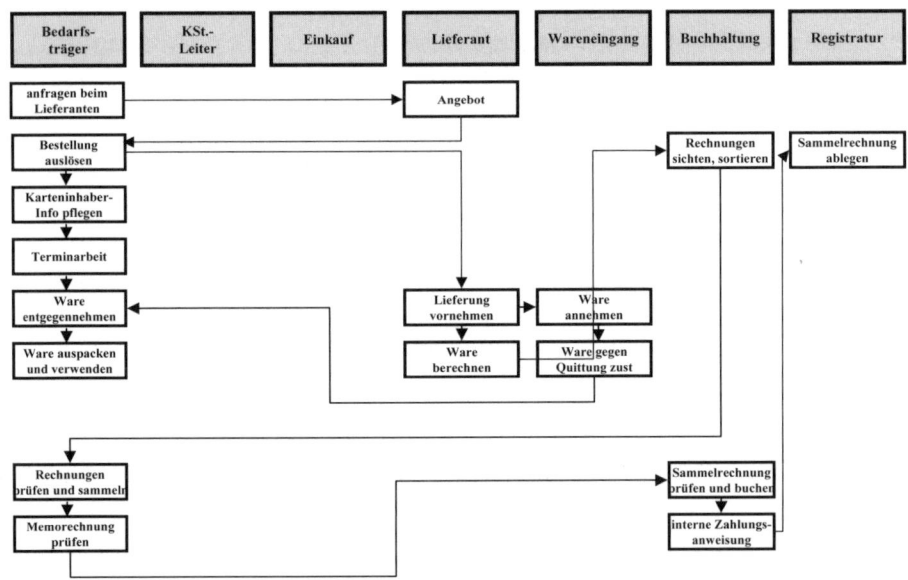

Abbildung 29

Die aufgrund des direkten Vergleichs festgestellten Unterschiede in den Transaktionskosten sind mit der Anzahl der Transaktionen pro Jahr zu multiplizieren. Hieraus ergibt sich die zu erwartende jährliche Einsparung. Diese ist – wie bei allen Prozessverschlankungen – zunächst nur Theorie. Einsparungen an Prozesszeit sind in personalrelevante Maßnahmen umzusetzen. Diese können in einer Umschichtung von Aufgaben liegen, im Extremfall können sie in Personalreduzierungen enden. Die wesentlichen Einsparungen an Prozesszeit liegen in der Buchhaltung und im operativen Einkauf (Bestellbearbeitung).

Entfallende Prozessschritte im Fall einer Purchasing Card-Abwicklung

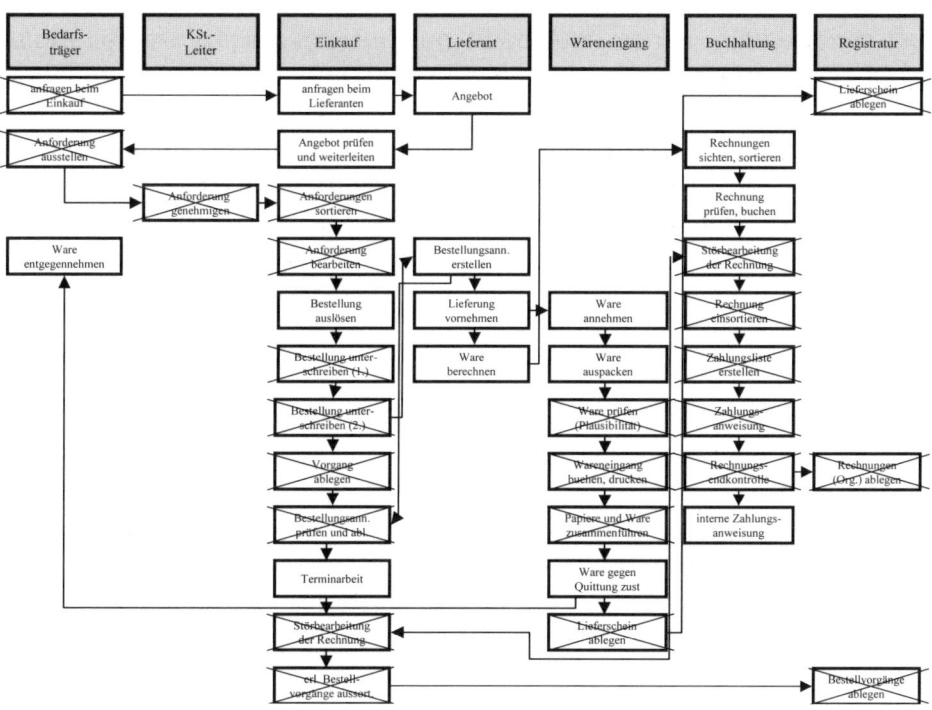

Abbildung 30

Der Brutto-Einsparung sind entgegenzusetzen

→ Einführungskosten
→ Gebühren für Transaktion (System-Provider)
→ Grundgebühr je Kartenhalter (Nutzer)

Die Zielvereinbarung – möglichst mit einem Einkaufsmitarbeiter – kann sich beziehen auf

→ Anzahl einzubindender Lieferanten
→ Anzahl einzubindender Bedarfsträger (Abteilungen)
→ Anzahl zu erwartender Transaktionen

Eine Zielvereinbarung, die sich auf Einkaufsvolumen bezieht, macht wenig Sinn, da die Einsparungen sich auf die Transaktion, nicht jedoch auf den Warenwert beziehen.

Purchasing Card-Systeme können in Kombination mit anderen Formen des C-Teile-Managements kombiniert werden. Gute Erfolge wurden in der Praxis durch die Kombination mit Händler-Konzepten und E-Procurement erzielt. Verschiedene System-Anbieter bieten diese Kombination bereits an.

9.6 C-Teile-Management im Unternehmen

Nun stellt sich die Frage, welches der hier vorgestellten Systeme den größten Vorteil bringt. Die Frage ist einfach zu beantworten: Alle! Ein Warenhaus-Konzept kann kein Händler-Konzept oder E-Procurement ersetzen. Die Zielrichtung ist eine andere. Deshalb werden in den Unternehmen verschiedene Systeme parallel zueinander genutzt. Dies ist kein Widerspruch, keine Verzettelung, sondern der konsequente Weg zum Optimum.

10. Kontrakt-Management

10.1 Koordinationsbedarf erkennen

In größeren Unternehmen bestehen häufig verschiedene EDV-Systeme nebeneinander. Eine Konsolidierung ist oft nur schwer oder gar nicht möglich. Hinzu kommt, dass diese Systeme nicht unbedingt zur Konsolidierung von Einkaufsaktivitäten geschaffen wurden und somit auch nur bedingt hierfür geeignet sind. Diese Situation ist vor allen Dingen dort sehr ausgeprägt, wo Unternehmen stark in weitgehend unabhängige Einheiten gegliedert sind. Sind diese auf verschiedene Länder aufgeteilt, stellt sich die Situation wiederum schwieriger da.

Auch in einer solchen Situation kann sinnvolle Einkaufs-Koordination betrieben werden. Was auf freiwilliger Basis zwischen rechtlich völlig unabhängigen Unternehmen realisierbar ist, sollte innerhalb von Unternehmensgruppen erst recht möglich sein. Auch unabhängig von harmonisierten EDV-Systemen ist es möglich, systematisch Gemeinsamkeiten zu finden und Ansatzpunkte für gemeinsame Verträge mit Lieferanten.

Hierzu sind die Einheiten nach den wichtigsten Lieferanten und deren Leistungen abzufragen. Es empfiehlt sich, eine konkrete Anzahl anzugeben, z. B. die „Top 50". Ausgeschlossen werden können solche Lieferungen und Leistungen, deren Konsolidierung keinen Sinn macht. Dies können z. B. Investitionen und lokale Dienstleistungen (z. B. Wachdienst, Reinigung usw.) sein. Ob Energie sich dazu anbietet, ist im Einzelfall zu entscheiden.

In Form einer Tabelle werden abgefragt

→   Lieferant
→   Volumen (in einheitlicher Währung, z. B. US$ oder €)
→   Materialgruppe (gegebenenfalls einfache Beschreibung)
→   Codierung (falls vorhanden)
→   meldende Einheit
→   Bemerkungen

Lieferant	Einheit	Volumen kEuro	Summe	Code	Material-Beschreibung	Bemerkungen
A&A	F	19		HGC	Niederspannungsgeräte	
A.E.T.	E	1.534		HGC	Niederspannungsgeräte	
A.T.P.	E	685		GCA	Zeichnungsteile	
AB	M	208	256 HAA		Cu-Drähte	
AB	B	48		GB	Mechanische Elemente	
ABC	J	64	126 GC		Zeichnungstcilc	
ABC	M	62			Eisenguss	
ACCU	D	584		GCB	Zeichnungsteile	
AEC	E	853		KEA	Elektronik	
AKM	B	268		JBC	Ventile	
Al	L	38		GCC	Zeichnungsteile	
Alberta	D	920	3.169 HES		Schutzreleis	
Alberta	E	598		HES	Schutzreleis	
Alberta	A	565		HES	Schutzreleis	
Alberta	L	479		HES	Schutzreleis	
Alberta	A	241		HES	Schutzreleis	
Alberta	G	181		HES	Schutzreleis	
Alberta	H	86		HES	Schutzreleis	
Alberta	J	73		HES	Schutzreleis	
Alberta	E	26		HES	Schutzreleis	
Alc	M	133		HKR	Getriebemotoren	
ALCA	E	779		GC	Zeichnungsteile	
ALEXA	C	1.363		BAC	Stahlblech	
ALMA	F	604	954 HJ		Messwandler	
ALMA	F	256		HJE	Messwandler	
ALMA	K	53		HJF	Messwandler	
ALMA	A	30		HJF	Messwandler	
ALMA	E	12		HJF	Messwandler	
ALPHA	H	29		HGD	Schaltgeräte	
Barra AS	D	418	460 GBR		Schilder	
Barra AS	M	42		GBR	Schilder	
Blasco Engineering	M	186			Beton-Fertigteile	
Dur	A	109		DCE	Kunststoffteile	
Engineering	L	68		GCC	Zeichnungsteile	
ENTERPRISE	H	24		ABC	Montagen	
Federn AG	A	377	666 GBL		Federn	
Federn AG	E	179		GBL	Federn	
Federn AG	M	109		GBL	Federn	
Hermanos	E	590	603 HJG		Messwandler	
Hermanos	M	13		HJF	Messwandler	
INSTRUMENTS	E	710	815 JMK		Messinstrumente	
INSTRUMENTS	H	57		JMK	Messinstrumente	
INSTRUMENTS	K	48		JMK	Messinstrumente	
Isola Materi	M	174		HAD	Cables	
MENZIKEN	J	77		CC	Aluminiumguss	
Metal Products	M	514		GC	Zeichnungsteile	
Metallgjuteri	A	149	170 CCH		Aluminiumguss	
Metallgjuteri	G	21		CCH	Aluminiumguss	
Moll	E	658	1.259 BBN		Kontaktmaterial	
Moll	A	307		BBN	Kontaktmaterial	
Moll	D	138		BBN	Kontaktmaterial	
Moll	D	101		BBN	Kontaktmaterial	
Moll	C	55		BBN	Kontaktmaterial	
NICO ELECTRICAL	J	64		OTHER		
NNN	A	146	157 DBM		Gummi-Rohre	
NNN	E	11		DBM	Gummi-Rohre	
OMERCO	F	18		HAD	Klemmen	
POWER-CABLES	J	59		HA	Kabel	
SEMBLY LOGISTICS	D	902	905 GA		Befestigungselemente	
SEMBLY LOGISTICS	I	3		GA	Befestigungselemente	
Stal I Metal	B	76		BAC	Stahlblech	
STEEL CORPORATION	D	1.228		BAC	Stahlblech	
Trading	L	150		HBL	Kabelarmaturen	
USCO BUILDING SYSTEMS	M	191			Beton-Fertigteile	
VA STAL SERWICE	B	64		BAC	Stahlblech	
Walstrup	I	3		HA	Kabel	
Xenia	J	207	603 HES		Schutzreleis	
Xenia	K	196		HES	Schutzreleis	
Xenia	B	170		HES	Schutzreleis	
Xenia	F	20		JMK	Messgeräte	
Xenia	E	10		HGC	Terminal Block Checking	
Gesamt		19.435	10.143			

Abbildung 31: TOP 50 Liste

96

Ein entsprechendes Beispiel ist in Abbildung 31 dargestellt. In einem zweiten Anlauf werden die gesammelten Informationen an die melden- den Einheiten verteilt mit der Aufforderung, diese durchzusehen. Für den Fall, dass von anderen gemeldete Lieferanten auch selbst genutzt wer- den, diese aber nicht unter den Top 50 waren, sind diese nachzutragen. Ein ähnliches Nachmeldeverfahren ist auch für Materialgruppen denkbar, wäre aber weit aufwendiger.

Die Datei weist so die wesentlichen Lieferanten der Materialgruppe auf. Sie kann nach

→ meldenden Einheiten
→ Lieferanten
→ Materialgruppen (Codierung)

sortiert werden. Es ist empfehlenswert, die Liste gründlich durchzuarbei- ten. Geringfügige Abweichungen beim Namen des Lieferanten (z. B. mit bzw. ohne Vorname), die Nutzung regionaler Vertriebsorganisationen, unterschiedliche Interpretation der Materialgruppen und ähnliche den Gesamtüberblick störende Einflüsse müssen zunächst bereinigt werden. Dies fällt nach der ersten Sortierung leichter.

Die Liste ermöglicht einen guten Überblick über die potenziellen gemein- samen Lieferanten und über die möglicherweise zu konsolidierenden Bedarfe. Der Aufwand lohnt sich! Da außer den direkt Beteiligten keine besondere Unterstützung, z. B. durch das IT-Management erforderlich ist, kann eine solche Aktivität rasch angegangen werden und in relativ kurzer Zeit abgeschlossen sein.

Der gemeinsame Überblick über die Material- und Lieferantenstrukturen ermöglicht die Bildung von virtuellen oder physischen Teams, die vor- handene Verträge mit Lieferanten betreuen oder Möglichkeiten für neue Verträge ermitteln. Gemeinsame Entscheidungen führen zu gemeinsa- mer Verantwortung. Der Teamleiter koordiniert; er ist nicht der einsame Anführer.

In vielen größeren Unternehmen oder Unternehmensgruppen wird mit einer Reihe „gemeinsamer" Verträge gearbeitet. Das Zustandekommen dieser Verträge ist unterschiedlich geregelt. In manchen Strukturen wer- den übergeordnete Lieferanten-Verträge von einer Zentralstelle, dem Zentraleinkauf oder einer ähnlichen Institution mehr oder weniger ver- bindlich für alle Einkaufsstellen geschlossen. In anderen Organisationen ist dafür der Hauptbezieher oder eine jeweils im Einzelfall festgelegte Einkaufsstelle zuständig.

Häufig endet die formale Zuständigkeit mit dem Abschluss des Vertrages. Der Vertrag wird abgelegt und führt bei den verschiedenen Einkaufsstellen ein Eigenleben. Es gibt ihn, aber nicht jeder nimmt ihn wahr. Mitunter muss erst der Lieferant darauf aufmerksam machen, dass die Gültigkeit des Vertrages abgelaufen ist. Leider ist dies keine Ausnahmesituation. Sie kommt immer wieder vor und ist bei völlig unterschiedlichen Unternehmen gegeben.

Verträge sind geschlossen worden, um sie einzuhalten. Sie sind kein Selbstzweck. Sie wurden geschlossen, um gelebt zu werden. Was aber macht einen „lebendigen" Vertrag aus?

→ Der Lieferant will den Vertrag.

→ Der Kunde (vertragschließender Einkauf) will den Vertrag.

→ Die einzelnen Bezieher akzeptieren den Vertrag und partizipieren daran.

→ Der Lieferant behandelt alle Bezieher angemessen, keiner wird benachteiligt.

„Tote" Verträge weisen zumindest bei einem der vorgenannten Punkte ein Defizit auf. Dieses wird häufig nicht erkannt oder ignoriert. Gemeinsame Verträge haben nur dann wirklich eine Chance, wenn die Hauptbezieher an seinem Zustandekommen beteiligt sind, diesen Vertrag wirklich wollen und akzeptieren. Der Weg dahin mag mühsam erscheinen, aber nur diese Mühe verspricht Erfolg.

10.2 Kontrakt-Controlling – Fragen und Antworten

Existierende Verträge müssen lebendig gehalten werden. Dies ist eine mindestens ebenso schwierige Aufgabe wie das Zustandebringen eines solchen Vertrages. Dies gilt insbesondere für Verträge, die über eine längere Zeitspanne Bestand haben sollen.

Für diese Fälle haben sich „Fragenkataloge" als hilfreich erwiesen. Die Auswertung dieser Fragenkataloge zeigt positive wie negative Zustände auf. Über eine längere Zeitspanne hinweg können auch positive wie negative Entwicklungen erkannt und verfolgt werden.

Der Fragenkatalog an die Nutzer (Hauptnutzer) umfasst folgende Fragen:

→ Produktpalette
→ Lieferqualität
→ Termineinhaltung
→ unerwünschte Teillieferungen
→ Lieferzeit
→ Flexibilität
→ Dokumentation
→ Verfügbarkeit
→ Zusammenarbeit

Das Spektrum der Bewertung reicht von „1" = „sehr gut" bis „5" = „sehr schlecht". Aus den einzelnen Bewertungen wird ein Mittelwert gebildet, der für die Zufriedenheit des Nutzers mit dem Lieferanten (= dem Vertrag) steht. Trägt man die Bewertungen aller Nutzer in eine entsprechende Tabelle ein, gewinnt man einen Gesamtüberblick. Mittelwertbildung innerhalb der Kriterien zeigt Tendenzen auf. Abweichungen und somit die unterschiedlichen Einschätzungen werden deutlich.

Damit ist eine Seite der Medaille dargelegt. Was aber ist mit der Sicht des Lieferanten? Auch dieser ist aufgefordert sich zu äußern, ebenfalls mit einem Fragenkatalog. Dieser lautet:

→ Bestellmengen in Übereinstimmung mit Planung
→ Bestellabwicklung (inkl. Zahlungsmodalitäten)
→ rechtzeitige Bestellung
→ eigene Termineinhaltung
→ eigene Flexibilität
→ Zusammenarbeit

Auch aus den Bewertungen des Lieferanten wird ein Mittelwert gebildet. Vermutlich werden sich nicht alle Nutzer gegenüber dem Lieferanten gleich verhalten. Es empfiehlt sich also, alle Nutzer gesondert einschätzen zu lassen. Auch hier ist eine Mittelwertbildung über die einzelnen Kriterien von Nutzen.

Fragenkatalog „Nutzer"

Fragenkatalog Nutzer				Material/Lieferant						
Datum:										
Nutzer	Produktpa-lette	Liefer-qualität	Terminein-haltung	Teilliefe-rungen	Liefer-zeit	Flexibi-lität	Dokumen-tation	Verfüg-barkeit	Zusam-menarbeit	Gesamt
A	1	4	2	1	1	3	1	2	2	1,9
B	2	2	1	1	1	1	1	1	1	1,2
C	1	2	2	1	2	3	2	2	2	1,9
D	2	1	2	2	3	2	2	3	2	2,1
E	1	1	1	1	1	1	1	1	1	1,0
F	2	2	2	3	2	2	2	2	1	2,0
G	2	3	1	3	3	3	2	2	2	2,3
H	2	1	1	1	2	1	1	2	1	1,3
I	1	1	1	1	3	3	1	2	2	1,7
J	1	1	1	1	2	2	2	2	2	1,6
K	2	1	1	1	2	1	1	1	2	1,3
Mittel-wert	1,5	1,7	1,4	1,5	2,0	2,0	1,5	1,8	1,6	1,7

Die folgende Beschreibung soll helfen, die Bewertung in der richtigen (gemeinsamen) Art und Weise vorzunehmen:	
Produktpalette	Wenn Sie mit der Produktpalette sehr zufrieden sind, alles was Sie benötigen verfügbar ist, werten Sie mit "1". Wenn Sie sehr unzufrieden mit dem Umfang der Produktpalette sind, mit "5".
Lieferqualität	Wenn alle gelieferten Materialien einwandfrei waren, werten Sie mit "1". Wenn Sie sehr unzufrieden mit dem Umfang der Lieferqualität sind, mit "5".
Termineinhaltung	Wenn alle gelieferten Materialien rechtzeitig abgesendet wurden bzw. eintrafen, werten Sie mit "1". Wenn Sie sehr unzufrieden mit der Termineinhaltung sind, mit "5".
Teillieferungen	Manche Lieferanten liefert in Teilmengen, obwohl Komplettlieferung vereinbart war. Wenn immer geliefert wurde wie bestellt, werten Sie mit "1". Wenn Sie sehr unzufrieden mit Anzahl unerwünschter Teillieferungen sind, mit "5".
Lieferzeit	Wenn Sie mit der derzeitigen Lieferzeit sehr zufrieden sind, werten Sie mit "1". Wenn diese recht akzeptabel ist, mit "2". Wenn Sie sehr unzufrieden mit Lieferzeit sind, mit "5".
Flexibilität	Wenn Sie mit der Flexibilität des Lieferanten sehr zufrieden sind, werten Sie mit "1". Wenn diese recht akzeptabel ist, mit "2". Wenn Sie sehr unzufrieden mit der Flexibilität sind, mit "5".
Dokumentation	Wenn Sie mit der Dokumentation des Lieferanten sehr zufrieden sind, werten Sie mit "1". Wenn diese recht akzeptabel ist, mit "2". Wenn Sie sehr unzufrieden mit der Dokumentation sind, mit "5".
Verfügbarkeit	Wenn Sie mit der Verfügbarkeit der Materialien sehr zufrieden sind, werten Sie mit "1". Wenn diese recht akzeptabel ist, mit "2". Wenn Sie sehr unzufrieden mit der Verfügbarkeit sind, mit "5".
Zusammenarbeit	Wenn Sie sehr zufrieden mit der Zusammenarbeit mit dem Lieferanten sind, werten "1"; ist diese akzeptabel, "2". Wenn die Zusammenarbeit sehr schlecht ist, werten Sie "5"

Bemerkungen:

Abbildung 32

Die Abbildungen 32 und 33 zeigen ein Beispiel aus der Praxis. Die Mittelwerte beim Fragenkatalog Nutzer (Abbildung 32) sind eher unauffällig. Es lohnt sich jedoch, den einzelnen Abweichungen nachzugehen. Der Fragenkatalog Lieferant (Abbildung 33) hingegen zeigt einen deutlichen Verbesserungsbedarf hinsichtlich der Planung. Aber auch die unterschiedlichen Auffassungen zu Termineinhaltung und Flexibilität verdienen weitere Beachtung.

Fragenkatalog „Lieferant"

Fragenkatalog Lieferant			**Material/Lieferant**				
Datum:							
Nutzer	Mengenplanung	Bestellabwicklung	rechtzeitige Bestellung	Termineinhaltung	eigene Flexibilität	Zusammenarbeit	Gesamt
A	4	1	2	1	1	1	1,7
B	5	1	1	1	1	1	1,7
C	5	1	1	1	1	1	1,7
D	5	1	1	1	1	1	1,7
E	5	1	1	1	1	1	1,7
F	5	1	1	1	1	1	1,7
G	2	1	1	1	1	1	1,2
H	3	1	1	1	1	1	1,3
I	5	1	1	1	1	1	1,7
J	5	1	1	1	1	1	1,7
K	5	1	1	1	1	1	1,7
Mittelwert	4,5	1,0	1,1	1,0	1,0	1,0	1,6

Die folgende Beschreibung soll helfen, die Bewertung in der richtigen (gemeinsamen) Art und Weise vorzunehmen:	
Nutzer	Bitte bewerten Sie alle Nutzer gesondert.
Mengenplanung	Wenn das Bestellvolumen mit vollständig der Planung entspricht, werten Sie "1"; ist es ziemlich in Ordnung, mit "2"; sind Sie sehr unzufrieden, werten Sie "5"
Bestellabwicklung	Wenn Sie mit der Bestellabwicklung (inkl. der Zahlung) sehr zufrieden sind, werten Sie "1"; ist diese ganz in Ordnung werten Sie "2"; Sind Sie sehr unzufrieden, werten Sie "5".
rechtzeitige Bestellung	Wenn alle Bestellungen rechtzeitig erfolgen, werten Sie "1"; ist das Bestellverhalten ganz in Ordnung werten Sie "2"; Sind Sie sehr unzufrieden, werten Sie "5".
eigene Termineinhaltung	Wenn alle gelieferten Materialien rechtzeitig abgesendet wurden bzw. eintrafen, werten Sie mit "1". Wenn Sie sehr unzufrieden mit der Termineinhaltung sind, mit "5".
eigene Flexibilität	Wenn Sie mit Ihrer Flexibilität sehr zufrieden sind, werten Sie mit "1". Wenn diese recht akzeptabel ist, mit "2". Wenn Sie sehr unzufrieden mit der Flexibilität sind, mit "5".
Zusammenarbeit	Wenn Sie sehr zufrieden mit der Zusammenarbeit mit den Nutzern sind, werten Sie "1"; ist diese akzeptabel, "2". Wenn die Zusammenarbeit sehr schlecht ist, werten Sie "5"

Abbildung 33

Auswertung Fragenkataloge (Abbildungen 32 und 33)

Die Auswertung der Fragenkataloge ergibt folgendes Bild:

Fragenkatalog Nutzer
Der Mittelwert über alle Werte hinweg ergibt „1,7". Dieser Wert erscheint besser als „gut" (2). Aber die einzelnen Werte zeigen bei zwei Nutzern schlechtere Werte.
Zu den einzelnen Kriterien ist folgendes festzustellen:
Produktpalette
Mittelwert 1,5; Einzelwerte nur 1 und 2
Lieferqualität
Mittelwert 1,7; wenn alle Lieferungen unbeanstandet wären, hätte hier der Wert „1" erscheinen müssen. Je einmal wurde mit „3" und „4" gewertet. Handlungsbedarf!
Termineinhaltung
Mittelwert 1,4; keine Wertung über 2; scheint problemlos
Unerwünschte Teillieferungen
Mittelwert 1,5; zweimal wurde „3" gewertet. Gründe feststellen!
Lieferzeit
Mittelwert 2,0; dreimal wurde „3" gewertet; Gründe feststellen!
Flexibilität
Mittelwert 2,0; viermal wurde „3" gewertet; Gründe feststellen!
Dokumentation
Mittelwert 1,5; kein Wert über „2", scheint problemlos
Verfügbarkeit
Mittelwert 1,8, einmal wurde „3" gewertet; Grund feststellen
Zusammenarbeit
Mittelwert 1,6; kein Wert über „2", scheint problemlos

Fragenkatalog Lieferant
Der Mittelwert über alle Werte hinweg ergibt „1,6". Dieser Wert erscheint besser als „gut" (2). Aber die einzelnen Werte zeigen bei zwei Nutzern schlechtere Werte.
Zu den einzelnen Kriterien ist folgendes festzustellen:

Mengenplanung
Mittelwert 4,5. Fast alle Einheiten sind mit „4" oder gar „5" bewertet. Offenbar besteht hier erheblicher Verbesserungsbedarf!
Bestellabwicklung
Mittelwert 1,0; alle Werte gleich gut; offenbar problemlos
Rechtzeitige Bestellung
Mittelwert 1,1; alle Werte „1" bzw. „2"; offenbar problemlos
Eigene Termineinhaltung
Mittelwert 1,0. Hier gibt es eine Abweichung zur Einschätzung der Nutzer mit 1,4. Gründe hierfür feststellen!
Eigene Flexibilität
Mittelwert 1,0. Hier gibt es eine Abweichung zur Einschätzung der Nutzer mit 2,0. Gründe hierfür feststellen!
Zusammenarbeit
Mittelwert 1,0; scheint problemlos

Weiteres Vorgehen
Die vorstehende Auswertung lässt eine nähere Diskussion notwendig erscheinen. Es folgt eine Einladung zu einer Telefonkonferenz.

Abbildung 34

In Abbildung 34 wird eine Auswertung der beiden Fragenkataloge vorgenommen. Diese kann jedoch nur vorläufig sein. Die endgültige Auswertung muss immer zusammen mit den Beteiligten erfolgen. In diesem Zusammenhang sollte zunächst eine „interne" Auswertung, z. B. in Form einer Telefonkonferenz erfolgen. Dieser schließt sich die gemeinsame Auswertung mit dem Lieferanten an.

Ein derartiges Kontrakt-Management stellt eine praktische Form von Controlling dar. Zielvereinbarungen mit allen Beteiligten sind möglich. Verbesserungspotenziale werden deutlich; Veränderungen können gemessen werden.

11. Lieferzeiten und Bestände

11.1 Grundsätzliches

Wozu dienen Bestände? Sie sollen die unterschiedlichen Anforderungen von Absatzmarkt und Beschaffungsmarkt abgleichen. Sehr oft sind gerade die Lieferzeiten für bestimmte Materialien Auslöser für Bestände. Aus diesem Grunde müssen beide im Zusammenhang gesehen werden.

Wozu benötigt man Bestände? Reicht es nicht aus, leistungsfähige und leistungsbereite Lieferanten zu haben, die durch eigene Bestandsführung für rasche Verfügbarkeit sorgen? Es geht hier nicht um die Verlagerung von Problemen, sondern um deren Lösung. Auf Dauer trägt der Kunde alle entstehenden Kosten über die Preise. Wenn die direkte Überwälzung in Form von Preiserhöhungen vermieden werden kann, werden Preisermäßigungen verhindert.

Eine bekannte Lösung ist die Einbindung von Lieferanten in vorhandene Informationen. Die intelligente Lösung heißt: Bestände durch Information ersetzen. Leider wird diese Problemlösung immer noch nicht im wünschenswerten Umfang angewendet. Statt dessen wird noch zu häufig der Versuch der Problemverlagerung auf den Lieferanten versucht.

Was Vermeidung von Beständen tatsächlich bedeutet, wird an der Abbildung 35 verdeutlicht. Rechtzeitige und verlässliche Information versetzt den Lieferanten in die Lage, rechtzeitig für Vormaterial zu sorgen, Kapazitäten bereitzustellen. Bestände werden nicht verlagert, sondern vermieden. Kosten werden nicht verschoben, sondern eliminiert. Lieferzeiten werden kürzer – zu 0-Tarif.

Damit wird klar, dass weder Bestände noch Lieferzeiten Tabu-Themen sein dürfen. Sie sind vielmehr als ständige Herausforderungen zu betrachten. Diese Herausforderungen dürfen nicht auf oberer Ebene stecken bleiben. Sie müssen vielmehr auf die Mitarbeiterebene heruntergebrochen werden, denn auf dieser Ebene werden die konkreten Vereinbarungen getroffen.

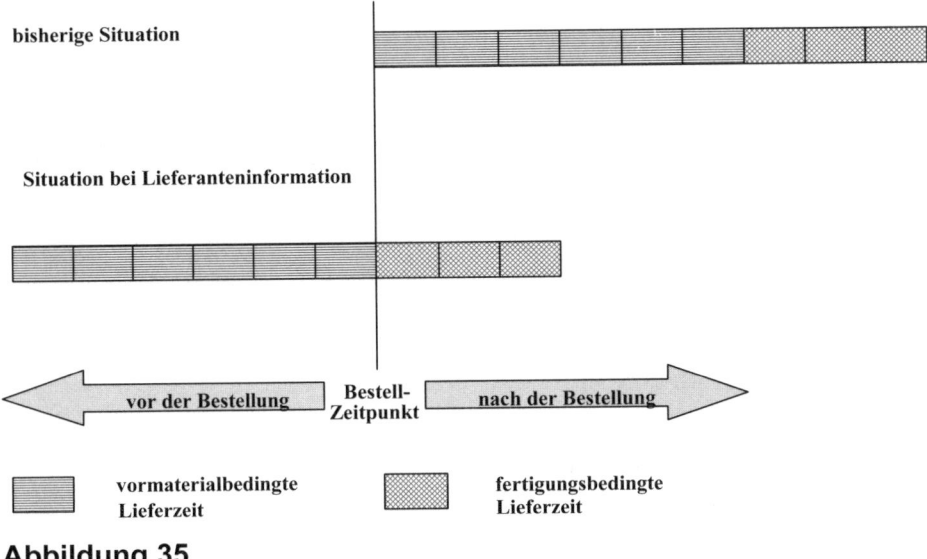

Entwicklung der Lieferzeiten

bisherige Situation

Situation bei Lieferanteninformation

vor der Bestellung | Bestell-Zeitpunkt | nach der Bestellung

vormaterialbedingte Lieferzeit

fertigungsbedingte Lieferzeit

Abbildung 35

11.2 Lieferzeiten – Zeit ist Geld

Reduzierung (Optimierung) von Lieferzeiten erhöht die Flexibilität des Unternehmens und ist zudem eine Grundlage für die Reduzierung von Beständen. Lieferzeiten sind von Material zu Material verschieden. Probate Mittel sind zum Beispiel

→ Konzentration des Bedarfs
→ Rahmenverträge
→ Mengenkontrakte
→ Planungssysteme mit Lieferanten

Welche Maßnahme im Einzelfall die richtige ist, wird also im Einzelfall auf Mitarbeiterebene festzustellen sein. Für die Vereinbarung – und Sicherstellung – von Lieferzeiten wird in aller Regel der Einkauf verantwortlich sein. Somit sind die einzelnen Materialien den zuständigen Einkäufern zuzuordnen – soweit dies nicht ohnehin schon gegeben ist. Es sollte selbstverständlich sein, dass für jedes Material jeweils ein Einkäufer verantwortlich ist – und nur einer. Die Zuordnung macht Zielvereinbarungen und somit Controlling von Lieferzeiten auf Mitarbeiterebene möglich. Die Bildung eines einfachen Mittelwertes für die Lieferzeit aller zugeordneten Materialien, würde zu einem Fehlschluss führen. Die Mengengewichtung fehlt. Schließlich ist eine Lieferzeit bei niedrigem Wert leichter zu ertragen als bei einem hohen Wert.

Es gilt also, die Voraussetzungen für eine gewichtete Bewertung zu schaffen. Zu diesem Zweck wird eine Tabelle (z. B. eine Excel-Datei) erstellt. Diese weist folgende Einteilung auf:

→ Material-Nummer
→ Materialbezeichnung
→ Einkäufer (Einkaufsgruppe)
→ Lieferzeit in Tagen
→ Jahresbedarf
→ Tagesbedarf (auf Basis des Jahresbedarfs je Arbeitstag)
→ Preis/Mengeneinheit
→ Wert/Arbeitstag
→ Wert für Lieferzeit
→ Wert pro Jahr

Auf den Wert pro Jahr kann verzichtet werden. Er stellt nur eine statistische Größe dar, ist weder Rechengröße noch eine unbedingt erforderliche Information. Aus dem Jahresbedarf und der Anzahl Arbeitstage wird der Bedarf je Arbeitstag ermittelt. Multipliziert mit dem Preis je Mengeneinheit ergibt sich der Wert je Tag. Wird dieser Wert mit der Lieferzeit in Tagen multipliziert, wird der Bestandswert deutlich, den die Lieferzeit repräsentiert.

Es empfiehlt sich, die Datei zunächst je Einkäufer nach dem Wert der Lieferzeit zu sortieren. Gerade dieser Wert zeigt, wo Lieferzeit-Verkürzungen den größten Effekt haben können. Erst die Kombination aus Zeit und Geld gibt hierzu Hinweise. Eine lange Lieferzeit bei sehr niedrigem Verbrauchswert führt kaum zu nennenswerten Beständen,

106

kann also kaum ein angemessenes Ziel sein. Ein solcher Versuch muss vielmehr als (Arbeits-) Zeitverschwendung angesehen werden. Ähnlich ist der Fall, wenn der hohe Jahresbedarf schon zu extrem kurzer Lieferzeit geführt hat.

Eine Summenbildung bei Wert/Tag und Wert/Lieferzeit ermöglicht die Ermittlung der durchschnittlichen Lieferzeit. Hierzu wird die Summe Wert/Lieferzeit durch die Summe Wert/Tag dividiert. Dieser gewichtete Mittelwert macht eine sinnvolle Zielvereinbarung auf Mitarbeiterebene möglich. Es könnte auch der absolute Wert/Lieferzeit Basis einer Zielvereinbarung sein. Dieser könnte jedoch z. B. durch Bedarfsverschiebungen zwischen Zielvereinbarung (Soll) und Controlling (Ist) beeinflusst werden. Bei der beschriebenen Durchschnittsrechnung wird diese Problematik vermieden. Aktuelle ERP-Systeme (z. B. SAP) sind in der Lage, die vorerwähnte Auswertung zu unterstützen.

Ein Beispiel für eine solche Tabelle ist in Abbildung 36 dargestellt.

Auch übergeordnet kann eine Veränderung nachvollzogen werden. Dies ermöglicht eine Zielvereinbarung und Controlling zum Beispiel auf der Abteilungsleiterebene (Einkaufsleiter).

Soll-Ist-Vergleich Lieferzeiten

Material	Einkäufer	Lieferzeit (Tage)	Bedarf/Jahr (ME)	Bedarf/Tag (ME)	Wert/ME Euro	Wert LZ Euro	Wert/Jahr Euro
Cu-Blech 1000x2000x3	01	10	288.000	800	8,23	65.840	2.370.240
Stahlblech 1250x2500x2	01	5	648.000	1.800	0,87	7.830	563.760
Sonderstahl	01	180	36.000	100	2,35	42.300	84.600
Schraube M4x25	01	8	188.280	523	0,04	167	7.531
Summe	01	14,3				328.417	4.691.671
Zielvereinbarung	01	**12,0**				*156.389*	
Abweichung	01	-2,3				-172.028	

Legende:
Mat.-Nr.   Material-Nummer
LZ   Lieferzeit
ME   Mengeneinheit

Abbildung 36

11.3 Bestände – Übel ohne Übeltäter?

Nach allgemeiner betriebswirtschaftlicher Ansicht sind Bestände von Übel. Sie binden Kapital und nutzen – zumindest solange sie am Lager liegen – niemandem. Also müsste der Verantwortliche für diese Bestände ein Übeltäter sein. Offenbar geht man in der Praxis nicht so weit, eine solche Schuldzuweisung vorzunehmen. Es werden aber nur dann wirklich systematisch Veränderungen – Verbesserungen – herbeigeführt, wenn Kompetenz und Verantwortung eindeutig geregelt sind. Auch hier gilt wieder, dies auf möglichst niedriger Hierarchieebene zu realisieren. Selbst wenn der Chef des Controllings persönlich die Verantwortung übernimmt, nachhaltige positive Veränderungen wird es erst dann geben, wenn die Verantwortung auf die tatsächliche Entscheidungsebene heruntergebrochen wird.

Wer hat den größten Einfluss auf die Bestandshöhe? Auslöser für Bestände auf der Eingangsseite sind Bestellungen. Diesen vorgelagert ist die Disposition. Aufgrund der Information über zu erwartende Bedarfe, wird entschieden, welches Material in welcher Menge zu welchem Termin zur Verfügung stehen soll. Entscheidung und Verantwortung sollen stets zusammengeführt werden. Es ist also durchaus zweckmäßig, die Verantwortung für die einzelnen Materialien den – ohnehin zuständigen – Disponenten zuzuordnen. Auf dieser Basis könnte bereits eine einfache Zielvereinbarung vorgenommen werden. Wie aber geht man dann mit zusätzlichen oder entfallenden Materialpositionen um?

Eine neutrale, aber sehr aussagefähige Größe ist in diesem Zusammenhang die durchschnittliche Reichweite. Ähnlich wie bei der durchschnittlichen Lieferzeit, wird auch zur Ermittlung der durchschnittlichen Reichweite eine Datei erstellt, die folgende Informationen enthält:

→ Materialnummer
→ Materialbezeichnung
→ Disponent
→ Jahresbedarf
→ Tagesbedarf (auf Basis des Jahresbedarfs je Arbeitstag)
→ Preis/Mengeneinheit
→ Wert/Arbeitstag
→ Bestand (Menge)

→ Wert des Bestands

→ Reichweite

Die Zwischensummen werden analog zur Beschreibung zur Lieferzeit vorgenommen. Auf Positionsebene kann die Reichweite ermittelt werden, indem der Bestand durch den Tagesbedarf dividiert wird. Bei der Summenbildung auf der Ebene der Disponenten ergeben sich wichtige und wertvolle Ansätze für Zielvereinbarungen und Controlling. Wird der jeweilige Bestandswert durch den Wert/Arbeitstag dividiert, ergibt sich die durchschnittliche Reichweite in Tagen. Auch hier hat die Durchschnittszahl eine höhere Aussagekraft als die absolute Höhe des Bestands, da Verschiebungen weitgehend kompensiert werden. Aktuelle ERP-Systeme (z. B. SAP) sind in der Lage, die vorerwähnte Auswertung zu unterstützen.

Auch in diesem Fall kann übergeordnet eine Veränderung nachvollzogen werden. Dies ermöglicht eine Zielvereinbarung und Controlling zum Beispiel auf der Abteilungsleiterebene (Leiter Disposition). Ein Beispiel für eine solche Tabelle ist in Abbildung 37 dargestellt.

Ziel-Überprüfung Bestände

Material	Supply Manager	LZ (Tage)	Bedarf tägl.	Bestand (ME)	Reichweite Tage	Wert Tag	Wert Einheit	Wert gesamt
Cu-Blech 1000x2000x3	01	10	800	20.000	25	6.584	8,23	164.600
Stahl-Blech 1250x2500x2	01	5	1.800	54.000	30	1.566	0,87	46.980
Werkzeugstahl	01	180	100	30.800	308	235	2,35	72.380
Schraube M4x25	01	8	523	48.116	92	21	0,04	1.925
Gesamt	01							523.201
Ziel	01							
Abweichung	01							

Legende:

Mat.-Nr.	Material-Nummer
LZ	Lieferzeit
ME	Mengeneinheit

Abbildung 37

11.4 Rollierende Planung – Zahlen nennen, und dann?

Einbeziehung von Lieferanten in die Materialplanung soll Lieferzeiten kürzer, eigene Bestände niedriger, die Versorgung sicherer machen. Oft wird hierzu ein Überblick über ein ganzes Jahr vereinbart, wobei die Zuverlässigkeit der Aussagen im Laufe der Zeit immer besser werden soll. Je näher der Bedarfszeitpunkt heranrückt, desto treffsicherer soll die Prognose sein. Letztlich wird die kurzfristige Prognose nur noch in eine Bestellung umgesetzt – oder wird automatisch gemäß entsprechender Vereinbarung selbst zu einer solchen.

In der Praxis hat sich eine Einteilung des voraussichtlichen Jahresbedarfs in Vierteljahre als meist ausreichend erwiesen. So wird der Aufwand und die Aussagekraft in eine akzeptable Relation gebracht. Bei einer rollierenden Planung wird zunächst ein Jahr in vier Quartalen geplant. Nach einem Vierteljahr entfällt das erste (inzwischen realisierte) Vierteljahr, die drei verbliebenen Quartale werden überprüft, gegebenenfalls korrigiert und ein weiteres Vierteljahr wird hinzugefügt. So hat der Lieferant stets einen Überblick über die Bedarfserwartung für die nächsten vier Quartale. Wie verbindlich oder unverbindlich die Aussagen sind, muss individuell vertraglich geregelt werden. Die Verbindlichkeit wird nicht zuletzt von der anderweitigen Verwendbarkeit der zu planenden Materialien und dem zugrundeliegenden Vormaterial abhängen. Die Marktmacht der Vertragsparteien mag außerdem eine Rolle spielen.

Ein Beispiel für den Ablauf einer rollierenden Planung ist in Abbildung 38 dargestellt.

Basis für eine Vereinbarung über rollierende Planung wird in aller Regel das zu liefernde Material in seiner gesamten Spezifikation sein. Hiervon kann jedoch abgewichen werden, wenn dies im Einzelfall sinnvoll ist. So kann es zum Beispiel vorteilhaft sein, auf Materialgruppenebene zu planen. Dies hat den Vorteil, dass die Planung bezüglich der Details sehr viel Spielraum lässt. Unter Umständen reicht es auch aus, die Planung ausschließlich auf die Vormaterialebene zu legen. Diese beiden vorteilhaften Varianten führen jedoch dazu, dass eine Vorfertigung aufgrund der Planung, jedoch ohne konkrete Bestellung nicht oder nur risikobehaftet durchgeführt werden kann. Es wird also eine nennenswerte (Fertigungs-) Lieferzeit unvermeidlich bleiben. Eine komplette Vorfertigung, die eine unmittelbare Lieferung nach Abruf des Kunden ermöglicht, bedingt eine entsprechende Planung bis in alle Details.

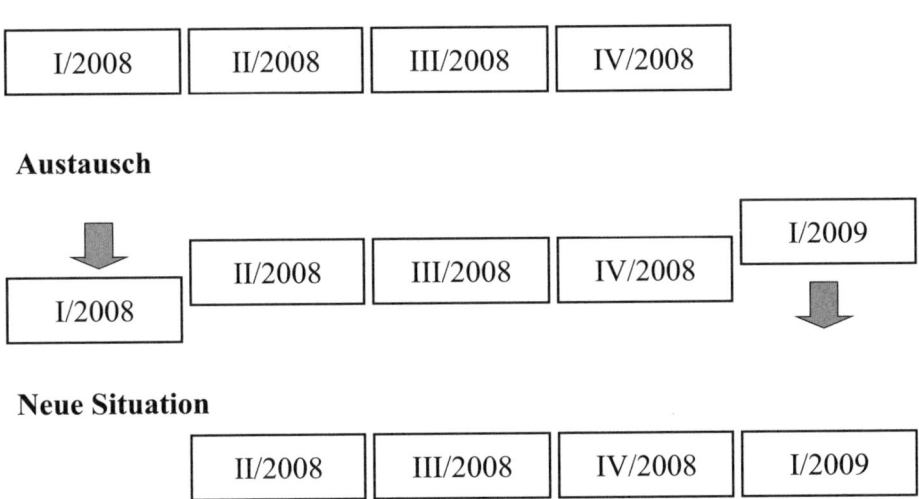

Abbildung 38

Gleichwohl kann eine Mischform zwischen Planung in allen Details und Planung auf Materialgruppenebene von Vorteil sein. So kann bei der längerfristigen Planung unter Umständen auf Details verzichtet werden, da diese Informationen dem Lieferanten für Kapazitätsplanung und Vormaterial-Beschaffung ausreichen. Für die konkrete Fertigung – ohne Bestellung – wird die Planung im eher kurzfristigen Bereich präzisiert.

Rollierende Planung darf niemals Selbstzweck sein. Sie ist Grundlage für zeitnahe Maßnahmen des Lieferanten. Diese können nur dann effizient sein, wenn die zugrundeliegenden Daten zutreffen. Um dies zu erreichen, sollten Planung und Realität abgeglichen werden. Ein Soll-Ist-Vergleich ist daher erforderlich. Dabei wird das jeweils abgelaufene Quartal nicht entfernt – wie in Abbildung 38 ausgeführt – sondern als Soll-Wert verwendet und dem Ist-Wert gegenüberstellt. Die Gründe für die Abweichung werden ermittelt und fließen als Erfahrungswert in die künftige Planung ein.

Der Soll-Ist-Vergleich führt durch die gewonnenen Erkenntnisse zu höherer Planungssicherheit. Diese ist für beide Vertragsparteien von Vorteil. Der Lieferant gewinnt ein höheres Maß an Sicherheit für seine Maßnahmen. Für den Kunden ist der Abgleich Basis für erhöhte Versorgungssicherheit und Flexibilität. Das beschriebene Verfahren kann Bestandteil von Kontrakt-Controlling sein. Es ist in Abbildung 39 dargestellt.

Beispiel rollierende Planung

(Soll-Ist-Vergleich)

Planung über Stahlblech   Lieferant: **Y-GmbH**

Zeitraum: I/2002

Abmessung	Material	Vergangenheit						Zukunft					
		I/2008		II/2008		III/2008		IV/2008		I/2009		II/2009	
		Soll	Ist	Soll	Ist	Soll	Ist	Soll	Ist	Soll	Ist	Soll	Ist
0,8x1000x2200	EN 10131-AC2-AZ150	0	0	0	0	0	0	0	0	0		0	
1x1000x2200	EN 10131-AC2-AZ150	0	0	0	0	0	0	0	0	0		0	
1,5x1000x2200	EN 10131-AC2-AZ150	20	10	20	10	10	10	10	15	15		15	
2x1000x2000	EN 10131-AC2-AZ150	50	25	50	25	25	20	25	30	25		25	
2x1000x2200	EN 10131-AC2-AZ150	50	30	50	30	30	35	30	30	30		30	
2x1250x2500	EN 10131-AC2-AZ150	75	50	75	50	50	60	60	50	50		50	
2x1500x2000	EN 10131-AC2-AZ150	100	125	100	150	150	135	150	140	150		150	
2x1500x3000	EN 10131-AC2-AZ150	15	0	15	0	0	0	0	0	0		0	
2x1250x2600	EN 10131-AC2-AZ150	60	50	60	40	50	50	55	50	50		50	
2x1250x1600	EN 10131-AC2-AZ150	20	10	20	0	10	10	15	15	15		15	
2X770X1600	EN 10131-AC2-AZ150	30	30	30	30	30	30	25	40	40		40	
2x1000	EN 10131-AC2-AZ150	250	200	250	180	200	180	180	200	200		200	
2x1250	EN 10131-AC2-AZ150	300	50	300	60	50	50	50	50	50		50	
		970	580	970	575	605	580	600	620	625		625	

Gesellschaft:

Ort:

Datum:

Name:

Abbildung 39

112

12. Logistik-Controlling

Leistungsfähige und funktionale Logistik-Prozesse sparen Zeit und Geld. Vielfach ist nicht nur der finanzielle Aspekt ausschlaggebend. Es geht oft um Geschwindigkeit und damit einhergehend um Flexibilität. Es gilt also, logistische Prozesse in allen Facetten zu betrachten, mögliche Verbesserungspotenziale zu erkennen und die erarbeiteten Verbesserungsmöglichkeiten konsequent umzusetzen. Dies bedingt jedoch, die „richtigen" Mitarbeiter damit zu betrauen bzw. in die entsprechenden Ziele einzubinden.

12.1 Transportlogistik

12.1.1 Beförderung von Gütern – und sonst?

Vielfach wird Transportlogistik als die Beförderung von A nach B betrachtet. Dieser Vorgang hat zu den günstigsten Kosten zu erfolgen. Wenn besondere Geschwindigkeit gefragt ist, werden Sondermaßnahmen eingeleitet, die z. B. Luftfracht oder Kurierdienst sein können.

Vor diesem Hintergrund werden auch viele Bestellvorschriften verständlich, die „frei unserem Haus, einschließlich Verpackung" lauten, oder gar „Transport und Verpackung günstigst". Für wen soll der Transport bzw. die Verpackung eigentlich „günstigst" sein? Wenn dies dem Lieferanten überlassen bleibt, wird er sicher die für _ihn_ günstigste Form wählen. Da kann der Besteller ganz unbesorgt sein. Gleiches gilt, wenn der Lieferant zunächst einmal die Kosten für den Transport übernimmt. Im Endeffekt findet der Kunde dies ohnehin – versteckt im Preis für die Ware – auf seiner Rechnung wieder. Geschenkt werden Transport und Verpackung sicher nicht.

Die schnelle und sichere Verfügbarkeit gewinnt immer mehr an Bedeutung, auf der Eingangsseite ebenso wie auf der Abgangsseite. Auf der Abgangsseite wurde dies längst erkannt, zum Teil sorgen hier die Kunden für die rechte „Erkenntnis". Hier geht es vor allem um die Eingangsseite, die bisher wenig Beachtung gefunden hat. Hier lohnt es sich in doppelter Hinsicht, näher hinzuschauen.

Die Problematik beginnt mit der Sichtung, Erfassung und Auswertung der Transport-Informationen. Oft sind diese für die Eingangsseite nur durch eine manuelle Aufnahme der Wareneingangspapiere (Lieferscheine der Lieferanten/Spediteure) zu ermitteln. Wünschenswert wäre eine entsprechende Ist-Erfassung über einen Zeitraum von 12 Monaten. Dieser Aufwand ist jedoch kaum zu rechtfertigen. Selbst die Auswertung eines repräsentativen Quartals kann oft nur mit fremder Unterstützung durchgeführt werden. Die Aufgabe einem Fachberater zu überlassen, dürfte jedoch in den meisten Fällen als zu teuer erscheinen. Eine interessante Alternative ist es, die Aufgabe einem Speditionsunternehmen zu überlassen.

Nach der Auswertung der Ist-Ergebnisse ist in der Regel erstmalig klar, wie die Warenströme verlaufen, welche Transporte erforderlich sind. Meist kann im Rahmen der Ist-Erfassung auch die Höhe der angefallenen Frachtkosten nachvollzogen werden. Dabei muss die Erfassung sowohl vom Lieferanten bezahlte wie selbstbezahlte Frachten umfassen. Aufgrund der Auswertung wird die Einholung konkreter Angebote möglich. Zur Angebotsabgabe werden regionale wie überregionale Anbieter aufgefordert. Es ist sinnvoll zu einer möglichst umfassenden Vergabeentscheidung zu kommen.

Transportlogistik aus einer Hand soll zu folgenden Effekten führen

→   Senkung der Transportkosten
→   schnellere Verfügbarkeit
→   sichere Verfügbarkeit
→   Nachvollziehbarkeit im Falle von Störungen

Entsprechend ist der Vertrag mit dem Speditionsunternehmen zu gestalten. Nicht mehr die Kosten für den Transport von A nach B steht im Vordergrund der Vereinbarung, sondern es geht um den gesamten Prozess. „Garantierte" Transportzeiten helfen zum Beispiel den Anteil Kuriersendungen zu reduzieren. Dies ist keine Preis-, sondern eine Kostenfrage. Vielleicht wird sogar die eine oder andere Luftfrachtsendung zum „Normalgut". Wenn innerhalb Deutschlands jeder Ort innerhalb von 24 Stunden erreicht wird, wozu dann noch Kurierdienst oder gar Luftfracht in dieser Region? Doch sicher nur noch dann, wenn es um Stunden geht. Damit wird <u>der</u> Spediteur vom Transport-Unternehmer zum Einzugsspediteur, besser beschrieben zum Logistik-Partner aufgewertet.

Um dies wirklich zu erreichen, muss wahrscheinlich die Verfahrensweise bei der Bestellung von Waren geändert werden. Die Preisstellung ist in

„ab Werk" zu ändern. Zu diesem Zweck sind (auch bei laufenden Vereinbarungen) die vereinbarten Preise entsprechend den Konditionen zu ändern. Der Lieferant muss offenlegen, welchen Ansatz er für die Transportkosten zugrunde gelegt hat und seine Preise entsprechend korrigieren. Wer bezahlt, bestimmt! Im Zuge dieser Vereinbarungen wird die Möglichkeit eröffnet, auf die Auswahl des Spediteurs einzuwirken.

Durch Speditionsvorschriften an die Lieferanten wird erreicht, dass weitgehend alle Materialien mit einem Unternehmen reisen und somit leicht nachzuvollziehen sind. Aufwendige Rückfragen bei bzw. mithilfe von Lieferanten können unterbleiben. Wenn klar ist, dass etwas geliefert wurde, ist auch klar, wer Aufschluss über den Verbleib geben kann. Wenn dazu auch noch ein Speditionsunternehmen ausgewählt wird, das über ein Treckingsystem verfügt, ist zu jeder Stunde der Verbleib bzw. der konkrete Standort einer Sendung auf einfache Weise zu ermitteln.

Ein solches Verfahren ist keine Spielerei. Wichtig ist, dass der Spediteur diese Möglichkeit hat. Es geht um die Möglichkeit für den Notfall, nicht darum, wirklich den Weg jeder Sendung nachzuvollziehen. Weiterhin ist wichtig, dass der Spediteur über ein Controlling-System verfügt. Er muss in der Lage sein, auszuweisen, welche Sendung wirklich wie lange gereist ist. Der Beginn der Reise beginnt mit der Beauftragung. Andernfalls kann es geschehen, dass der Transport von A nach B zwar innerhalb der zugesagten 24 Stunden erfolgt, jedoch die ersten drei Tage bereits verstrichen waren, bevor die Abholung erfolgte. Es geht darum, wirklich Controlling auszuüben bzw. ausüben zu lassen, nicht nette Statistiken zu erstellen.

Das (Selbst-) Controlling des Spediteurs wirkt stabilisierend auf den Prozess und hilft Verbesserungspotenziale zu erkennen und zu erschließen.

Die Einführung eines solchen Systems wird nur dann innerhalb einer angemessenen Zeit funktionieren, wenn die (Einkaufs-) Mitarbeiter sich in diese Einführung eingebunden fühlen. Dazu gehören Zielvereinbarungen und deren Controlling. Wie ausgeführt sind Vereinbarungen mit Lieferanten zu schließen, die Preis- und Konditionsvereinbarungen beinhalten können. Dies wird ohne die zuständigen Einkäufer nicht möglich sein. Dabei geht es nicht um den Einkäufer, der für den Speditionsvertrag bzw. die wenigen Speditionsverträge verantwortlich ist, sondern um jeden einzelnen Einkäufer, der zu transportierende Lieferungen bestellt. Genau diese Mitarbeiter sind einzubeziehen. Andernfalls werden sich eine Reihe von Gründen finden, warum diese Speditionsvereinbarungen nicht mit den infrage kommenden Lieferanten vereinbart werden konnten. Durch die Zielvereinbarungen werden die betroffenen Mitarbeiter bewogen, sich des gemeinsamen Ziels „Optimierung der Transportlogistik" anzunehmen.

12.1.2 Selbst-Controlling – Umsetzen steuern

Die Zielvereinbarungen werden sich an leicht messbaren Größen orientieren müssen. Das Frachtaufkommen ist hierfür denkbar ungeeignet. Das Controlling wäre zu aufwendig. Sinnvoller ist es, die Zielvereinbarung auf

→ Anzahl Lieferanten mit Speditionsvereinbarung
→ Volumen Lieferanten mit Speditionsvereinbarung

abzuheben. Mit den Frachtkosten würde nur ein Teilaspekt abgehandelt. Die Zeitverkürzung wäre auf diese Art und Weise ohnehin nicht zu messen.

Ein vierteljährliches Controlling sollte ausreichend sein. Hierbei können die Werte kumulativ gezählt werden. Dies erleichtert den Überblick. Ein Beispiel für eine solche Zielvereinbarung mit entsprechendem Controlling ist in Abbildung 40 dargestellt.

Controlling Transport-Logistik

Mit-arbeiter	Zielvereinbarung Liefe-ranten	Zielvereinbarung Volumen €	Ist I/2008 Lief.	Ist I/2008 Vol. €	Ist II/2008 Lief.	Ist II/2008 Vol. €	Ist III/2008 Lief.	Ist III/2008 Vol. €	Ist IV/2008 Lief.	Ist IV/2008 Vol. €	Abweichung Lieferan-ten	Abweichung Volumen €
H. Gross	21	26.835	5	6.344							16	20.491
F. Klein	10	38.153	3	11.059							7	27.094
S. Kurz	43	78.218	10	18.106							33	60.112
P. Lange	47	34.388	15	10.917							32	23.471
A. Adam	6	73.613	1	12.583							5	61.029
Z. Huber	18	108.765	7	41.266							11	67.499
M. Müller	32	25.080	14	10.837							18	14.243
Gesamt	179	385.050	55	111.111	0	0	0	0	0	0	124	273.939

Abbildung 40

12.1.3 Logistik-Controlling – Einhaltung von Zusagen prüfen

Der Abschluss von Verträgen mit Speditionsunternehmen schließt den Wettbewerb weitgehend aus. Dies ist Sinn und Zweck der Übung. Die Entscheidung, ob der „Richtige" gefunden wurde, darf nicht jeden Tag aufs Neue hinterfragt werden. Mitunter ist jedoch festzustellen, dass die Bemühungen, Kunden zu gewinnen größer sind als die Anstrengungen, vorhandene Kunden zufrieden zu stellen. Zur Zufriedenheit eines Kunden gehört sicher auch das Einhalten von Zusagen.

Im Vorfeld eines Vertrages werden bestimmte Laufzeiten diskutiert und zugesagt. Diese Zusagen werden unterschiedlich für die einzelnen Verbindungen und die ausgewählten Transportmittel sein. Seefracht dauert üblicherweise länger als Luftfracht. An diesem grundsätzlichen Tatbestand ändert auch ein Speditionsvertrag nichts. Dennoch können sich in der täglichen Praxis „Unterschiede" zu den ursprünglichen Zusagen herausstellen. Nicht selten stellen sich die tatsächlichen Transportzeiten als länger heraus. Nur eine einzelne Ausnahme, die bedauerlich, aber eben nicht auszuschließen ist?

Dieses Argument wird von Seiten der Dienstleister häufig ins Feld geführt. Auf Seiten des Kunden bleibt ein unangenehmes Gefühl zurück. Ob das ausgewählte Speditionsunternehmen wirklich die zugesagten Laufzeiten einhält, ist nicht absolut sicher. Man wird den Eindruck nicht los, der Dienstleister fühle sich zu sicher und lasse in seinen Bemühungen nach.

Gefühle passen nicht zur Frage einer guten oder weniger guten Vertragserfüllung. Besser fährt man mit einer klaren und eindeutigen Messung, mit einem Controlling. Die meisten internationalen Logistik-Dienstleister verfügen über Computer-Systeme, die stets „wissen", wo sich die einzelnen Sendungen befinden. In diesen Systemen wird auch erfasst, wann und wo eine bestimme Sendung aufgenommen wurde. Gleiches gilt für die Ablieferung. Mitunter ist auch die „Soll-Abholung" hinterlegt. Mithilfe dieser Information kann das „Liegenlassen" eines Transportauftrags nachvollzogen werden. Ebenso werden Versender und Empfänger gespeichert.

Die vielfältigen Informationen ermöglichen unter anderem eine exakte Auswertung der Transportzeiten. Damit können generelle Zusagen und deren tatsächliche Einhaltung miteinander abgeglichen werden, ein Controlling ist möglich. Das Controlling, die Auswertung des Zielerreichungsgrades sollte nicht Anlass für Schuldzuweisungen sein. Vielmehr gilt es,

Stärken und Schwächen zu erkennen und die erforderlichen Maßnahmen hieraus abzuleiten. Daher ist es sinnvoll, nicht nur ein Gesamtbild zu betrachten, sondern dieses zu strukturieren. Dies kann zum Beispiel durch Trennung in Eingangs- und Ausgangsfrachten zum einen und Empfangs- bzw. Abgangsländern zum anderen geschehen. Ein Beispiel für ein solches Controlling ist in Abbildung 41 dargestellt. Durch die Messung des Anteils pünktlicher Transporten an der Gesamtzahl kann der Servicegrad in Prozent gemessen werden. Diese Berechnung ermöglicht bereits eine Aussage zur Zielerreichung. Bei den unpünktlichen Transporten wird die durchschnittliche Abweichung in Tagen ermittelt. Auch diese Ausrechnung zeigt, wo Verbesserungspotenziale zu erschließen sind.

Im Grunde führt das Speditionsunternehmen auf diese Art und Weise ein Selbstcontrolling durch. Ein solches wird stets nur dann wirklich Akzeptanz finden, wenn es nachvollziehbar ist. Erfassung und Auswertung müssen daher transparent und verifizierbar sein. Dazu gehört auch, dass alle Einzelinformationen verfügbar gemacht werden können, die in die Auswertung eingegangen sind.

Zweifel an der Glaubwürdigkeit der erfassten und ausgewerteten Daten können dadurch ausgeräumt werden, dass vom Kunden einzelne Transaktionen erfasst und dokumentiert werden. Dafür sind am besten „schlechte Beispiele" geeignet. Zweifel werden am ehesten aufkommen, wenn das Transportunternehmen sehr positive Ergebnisse präsentiert. Wenn alle konkreten (negativen) Beispiele in das Controlling eingeflossen sind, dürfte die Erfassung der Basisdaten nicht anzufechten sein.

Was ist zu tun, wenn die Leistung unbefriedigend ist? Dann stellt sich die Frage, ob der betroffene Dienstleister über das notwendige Verbesserungspotenzial verfügt und eine weitere Chance verdient. Andernfalls ist ein Wechsel angezeigt.

Für internationale Unternehmen kommt nur selten die Konzentration auf ein Speditionsunternehmen infrage. Die erforderliche Transportleistung ist räumlich zu umfassend. Kein einzelner Logistik-Dienstleister könnte eine solche Leistung allein erbringen. Daher muss diese auf Basis der Leistungsfähigkeit in den jeweiligen Regionen auf mehrere Anbieter aufgeteilt werden. Dieses zwangsläufige Vorgehen bietet zugleich die Möglichkeit, zu einem späteren Zeitpunkt die Anzahl der Speditionsunternehmer entweder zu vergrößern oder zu verkleinern, oder aber aufgrund entsprechender Leistungsdefizite, einzelne Dienstleister gezielt gegen qualifiziertere auszutauschen.

Controlling Speditionsvereinbarung
(Laufzeit in Tagen)

Eingangsfrachten

Abgangsland	Zusage		Realisierung				
	Tage	Servicegrad	Anzahl Ges.	Anzahl pünktl.	Servicegrad	Anzahl unp.	Abw. Tage
Ägypten							
Belgien							
Deutschland							
Japan							
Schweden							
Polen							
Taiwan							
Tschechien							
Türkei							
Gesamt							

Ausgangsfrachten

Emfpangsland	Zusage		Realisierung				
	Tage	Servicegrad	Anzahl Ges.	Anzahl pünktl.	Servicegrad	Anzahl unp.	Abw. Tage
Ägypten							
Belgien							
Deutschland							
Japan							
Schweden							
Polen							
Taiwan							
Tschechien							
Türkei							
Gesamt							
Insgesamt							

Abbildung 41

12.2 Verpackungslogistik – Um die Ware herum

12.2.1 Warum Verpacken?

Verpackung soll effektiv sein. Sie soll die Ware während des Transports schützen. Und sie soll das Handling erleichtern, und … Offenbar ist die Verpackung eine wichtige Sache, um die Ware herum. Dies gilt nicht nur für das Marketing. Auch für Einkauf und Materialwirtschaft ist die Festlegung der „richtigen" Verpackung eine Herausforderung. Verpackung darf nicht dem Zufall überlassen werden, erst Recht nicht, indem der Lieferant die entscheidende Rolle spielt. Im Prozess Verpackung ist der Lieferant von der Anzahl der Prozessschritte her eher von untergeordneter Bedeutung. Auf der anderen Seite, trägt er entscheidend dazu bei, Aufwand zu verringern oder zu erhöhen. Wenn man sich sogenannte „funktionale" Verpackung ansieht, macht diese bisweilen eher den Eindruck einer „Müllentsorgung". Da werden mitunter verschiedene Aufgaben miteinander verquickt. Dies ist eine gute Idee, aber sie sollte dem Kunden nutzen und nicht nur die Entsorgungskosten des Lieferanten senken.

Welche Prozessstufen muss eine Verpackung begleiten?

→   Fertigung beim Lieferanten
→   Transport zum Kunden
→   Lagerung beim Kunden
→   Ausgabe an den Bedarfsträger

Das leistet natürlich nicht eine einzelne Verpackung. Daher muss an verschiedenen Stellen umgepackt werden.

Das klingt logisch und so wird es auch vielerorts praktiziert. Zunehmende Technisierung tut mitunter ein übriges, den Ablauf der Verpackung zu komplizieren und zu verteuern. Auch die Verpackungshersteller sind nicht unbedingt bemüht, die Prozessschritte „Umpacken" zu reduzieren. Sie leben davon, dass Verpackung benutzt wird. Die Folge davon ist, dass zwischen der Fertigung beim Lieferanten und dem Verbrauch des Materials in der Fertigung des Kunden verschiedene Verpackungen bzw. Transportmittel verwendet werden und somit Prozesszeit sowie Liegezeit verschwendet werden. Darüber hinaus ist Transportverpackung meist als „verlorene Verpackung" konzipiert, die nach einmaliger Nutzung zur Entsorgung ansteht. Diese häufig vorzufindende Situation ist in Abbildung 42 dargestellt.

Einen Ausweg aus diesem Dilemma zu finden, scheint nicht einfach, obwohl nur festzustellen ist, wozu eine Verpackung auf der Eingangsseite dienen soll, nämlich:

→ Material beim Transport schützen
→ Handling erleichtern
→ Wareneingangskontrolle ohne Umpacken ermöglichen
→ Einlagerung ins eigene Lagersystem ermöglichen
→ Handvorrat in der Fertigung aufnehmen
→ wiederverwendbar sein
→ nach letzter Verwendung recyclingfähig sein
→ vorhanden und kostengünstig sein

Ablaufplan Verpackung
Einwegverpackung

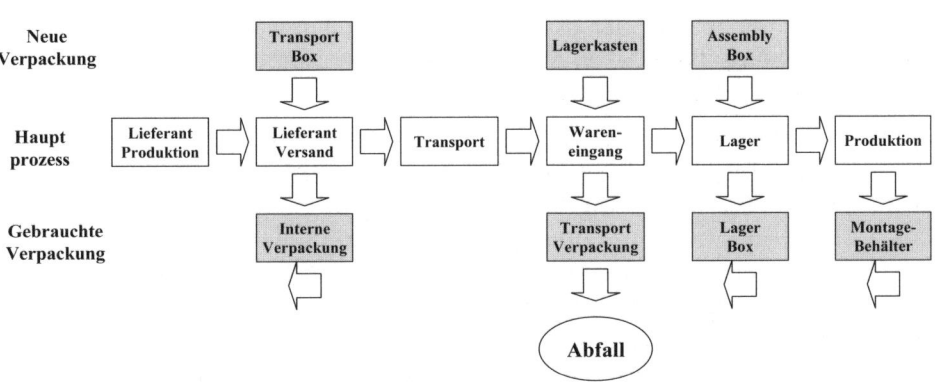

Abbildung 42

Fehlt noch etwas? Das gibt es noch Kosten, die nur indirekt zu spüren sind:

→ schon im Fertigungsprozess des Lieferanten einsetzbar sein
→ möglichst universal verwendbar sein
→ poolfähig sein

Diese Anforderungen werden bereits von vielen Systemen erfüllt. Es gibt sie parallel zu einander. Scheinbar hat jeder Fachverband das Bedürfnis, für Unterscheidungsmerkmale zu sorgen. Die weltweit meistverbreitete Standard-Verpackung dürfte die Euro-Poolpalette (Flachpalette) sein. Mit ihrem Maß 800 x 1200 ist sie auch die Basis für die meisten Palettenlager. Dann jedoch scheiden sich die Geister bereits. So ist in Deutschland die Gitterpalette, die gleiche Grundflächenmaße wie die Euro-Poolpalette aufweist, weit verbreitet. In anderen Ländern sind Aufsatzrahmen (Klapprahmen) zur Flachpalette Standard. Die Austauschbarkeit ist damit nur noch bedingt gegeben. Systeme dieser Art werden allgemein als „Großladungsträger" bezeichnet.

Das System der Großladungsträger ist zwar poolfähig, jedoch insbesondere für Kleinteile nur bedingt geeignet. Die Automobilindustrie hat zusammen mit den Zulieferern sogenannte „Kleinladungsträger" (KLT) entwickelt. Diese stapel- und verschließbaren Kunststoffbehälter erfüllen die vorgenannten Voraussetzungen in hohem Maße. Dies hat sich in der breiten Nutzung auch außerhalb der Automobilindustrie ausgewirkt. Die in verschiedenen Größen verfügbare Behälter sind kombinierbar und in Verbindung mit Flachpaletten zu nutzen.

Dieses Behältersystem ermöglicht eine Nutzung, die Umpacken während der gesamten Logistikkette überflüssig macht. Idealerweise nutzt der Lieferant dieses Behältnis bereits in seiner Fertigung, zumindest beim letztem Arbeitsgang, der ein „Umschichten" erfordert. Dies sollte sicher nicht das Umpacken im Versand sein. Im Zuge einer Sichtkontrolle werden die Materialien (Bauteile) einzeln betrachtet, also bewegt. Damit ergibt sich eine Gelegenheit, auf den KLT „umzusteigen".

Wie in der Abbildung 43 dargestellt, verbleibt das Material von diesem Zeitpunkt an im Behältnis, und zwar während des Transports, der Lagerung bis zur Ausgabe an die Fertigung und die Entnahme des Materials zwecks Verbrauch.

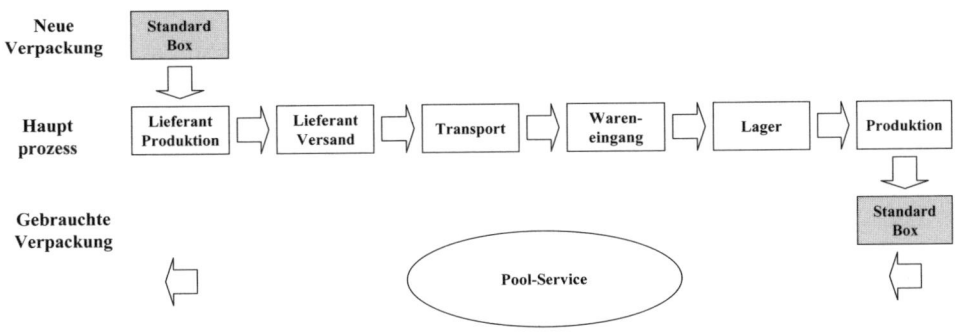

Ablaufplan Verpackung
Mehrwegverpackung (KLT)

Abbildung 43

12.2.2 Verpackungs-Controlling – Realisierungsgrad messen

Ein derartig veränderter Prozess lässt erhebliche Einsparungen erwarten. Sie ergeben sich an verschiedenen Stellen im Prozess und sich unterschiedlicher Natur. Es ist erforderlich, die Einsparungen in jeder einzelnen Prozessstufe gesondert zu betrachten.

Die möglichen Einsparungen sind konsequent zu realisieren und zu erfassen. Diese sind zum Beispiel:

→ Umpacken in beim Lieferanten (Preisreduzierung)
→ Transportverpackung (als Preisbestandteil oder separat ausgewiesen)
→ Entfall Entsorgungskosten für Transportverpackung
→ Umpacken im eigenen Unternehmen an mehreren Stellen (Kostenersparnis)

Hinzu kommt Zeitersparnis durch Entfall eines Umpackvorgangs bei Lieferanten (Reduzierung Lieferzeit) und mehrerer Umpackvorgänge im eigenen Unternehmen (schnellere Verfügbarkeit). Der Zeitfaktor ist ein Phänomen, das vielfach nicht hinreichend beachtet wird.

Es ist empfehlenswert, auf übergeordneter Ebene, die Effekte zu messen. Die an den Lieferanten gebundenen Kostenvorteile sind an der Ver-

123

gangenheit zu spiegeln und zu messen. Es ist konkret messbar, wie groß der Kostenvorteil aus Entfall des Umpackens bei Lieferanten ist. Die Kosteneinsparung muss sich im Preis niederschlagen. Ebenfalls sollte es unproblematisch sein, die Verpackungskosten aus der Vergangenheit in die Zukunft zu übertragen.

Die internen Prozesse sind über Zeitaufnahmen vergangenheitsbezogen zu messen. Aus der Anzahl der relevanten Wareneingänge ergibt sich die Einsparung an Zeit, die durch entsprechende Bewertung in Geld umzurechnen ist. Diese Einsparung wird jedoch nur dann „in der Kasse klingeln", wenn entsprechende Personalmaßnahmen (z. B. Abbau von Überstunden, Umbesetzung) realisiert werden. Andernfalls verpufft der Effekt.

Entsorgungskosten für Einwegverpackung sind ausgabewirksame Kosten. Jedes Kilogramm Verpackungsmüll, das nicht mehr anfällt, trägt direkt und unmittelbar zur Kostensenkung bei. Durch eine Stichprobenaufnahme relevanter Wareneingänge lässt sich auf einfache Weise eine Ausgangsbasis gewinnen, die auf die Anzahl künftiger – mit anderer „Verpackung" eintreffender – Wareneingänge übertragen werden kann.

Diese Gegenüberstellung auf der Grundlage einer entsprechenden Zielvereinbarung lohnt sich nur auf übergeordneter Ebene. Ein Herunterbrechen auf die Mitarbeiterebene wäre wahrscheinlich zu aufwendig. Hier kann auf ein leichter zu handhabendes Hilfsziel ausgewichen werden. Als ein solches bietet sich z. B. Anzahl Lieferanten mit der jeweiligen Anzahl der Lieferpositionen an. Damit wird (Mitarbeiter-) Führung möglich, ohne unangemessenen Aufwand zu erzeugen. Ein Beispiel für ein solches Controlling ist in Abbildung 44 dargestellt.

Controlling Mehrwegverpackung

Mitarbeiter/ Einkaufsgruppe	Potenzial		Zielvereinbarung		aktueller Stand		Abweichung	
	Lieferant	Materialpos.	Lieferant	Materialpos.	Lieferant	Materialpos.	Lieferant	Materialpos.
H. Gross	47	1.395	21	628			21	628
F. Klein	23	3.580	10	1.611			10	1.611
S. Kurz	96	1.437	43	647			43	647
P. Lange	105	2.598	47	1.169			47	1.169
A. Adam	13	715	6	322			6	322
Z. Huber	41	2.760	18	1.242			18	1.242
M. Müller	72	4.209	32	1.894			32	1.894
Gesamt	397	16.694	179	7.512	0	0	179	7.512

Abbildung 44

12.3 Verfügbarkeit – für den Nutzer

Prozesszeiten genießen im Allgemeinen hohe Aufmerksamkeit. Der Zeitaufwand, der erforderlich ist, eine Schraube einzudrehen, wird genauestens erfasst. Er unterliegt permanenter Überlegung, ob noch weiteres Optimierungspotenzial vorhanden ist. Wie lange die Schraube bis zur Hand des Monteurs braucht, scheint da weniger interessant.

Offenbar wissen viele Betrachter sehr genau, dass zwei Wochen Lieferzeit für einen Lieferanten viel zu lang sind. Da besteht Optimierungsbedarf! Was aber geschieht nach Eintreffen einer Ware im Unternehmen? Wie lange dauert es, bis Material auf dem normalen „Dienstweg" beim Verbraucher eintrifft? Da gibt es

→   physische Warenannahme
→   Wareneingangserfassung
→   Wareneingangsprüfung
→   Einlagerung
→   Auslagerung
→   Anlieferung an den Verbraucher

Wenn jeder dieser Schritte einen Tag dauert, ist mehr als eine Woche bis zur tatsächlichen Verfügbarkeit vergangen. Bei der Betrachtung geht es wie in den vorerwähnten Fällen nicht um die Prozesszeit. Die ist sicher recht kurz. Es geht vielmehr um die Durchlaufzeit, wenn Ware erfasst, geprüft, eingelagert usw. werden soll. Schließlich wurde auf diese eine Materialposition nicht gerade gewartet! – Oder doch? Welches Material, das angeliefert wurde, wird nicht benötigt? Sicher wird nichts bestellt, das nicht wirklich benötigt wird. Unterschiede wird es allenfalls in der relativen Dringlichkeit geben.

In manchen Untenehmen wird das Problem (partiell besondere Dringlichkeit) durch den „Express-Tisch" geregelt. Auf diesen wird alles gepackt, was offensichtlich dringlich ist, also z. B. per Kurier- oder Expressdienst angeliefert wurde. Dieses Material wird bevorzugt bearbeitet, verfügbar gemacht. Ein interessanter und bedenklicher Ansatz! Hier wird eine Notfallbehandlung mit einer Problemlösung verwechselt. Statt einer Ausnahmeregelung wird eine Prozessveränderung gebraucht. Es geht nicht nur darum, einige Materialpositionen rasch verfügbar zu machen. Objektiv betrachtet ist jede Materialposition eilig – oder sie ist zu früh eingetroffen. Subjektiv betrachtet, ist eine Durchlaufzeit vom physischen Eintreffen des Materials bis zur Verfügbarkeit beim Verbraucher „notwendig". Sie ist in der Kalkulation der Wiederbeschaffungszeit zu berücksichtigen. Beträgt diese Zeit jedoch wirklich eine Woche oder gar mehr, so liegt ein erhebliches Bestandsenkungspotenzial vor. Immerhin ist eine Woche rd. 2 Prozent vom Jahr. Was aber sagt schon die Chance aus, seine Bestände um 2 Prozent abzusenken? Nicht viel mehr als eine Schätztoleranz! Es geht hier aber um 2 Prozent des gesamten Materialbedarfs (Materialeingangs). Dabei handelt es sich um eine ganz andere Größenordnung. Bei einer Lagerumschlagshäufigkeit von 12 liegen durchschnittlich 10 Prozent des jährlichen Materialbedarfs am Lager. Unter diesen Voraussetzungen beträgt das Bestandssenkungspotenzial immerhin 20 Prozent (und nicht nur 2 Prozent) der bisherigen Bestandshöhe!

Die Reduzierung der vorbeschriebenen Durchlaufzeit wird sich nicht von allein einstellen. Dazu gehören gezielte Maßnahmen. Diese fangen bei unverzüglicher Erfassung im Wareneingang an. Sie können aber auch ein Warenhaus-Konzept oder direkte Anlieferung an die Montage oder ähnliches umfassen. Die Möglichkeiten zur Verbesserung eigener Prozesse sind fast unbegrenzt. Natürlich ist es einfacher, die Verbesserung von Dritten, also zum Beispiel von Lieferanten zu verlangen. Effektiver ist es jedoch, über eigene Unzulänglichkeiten nachzudenken. Noch effektiver ist es, die Probleme möglichst gemeinsam anzugehen.

Soweit des die eigenen Prozesse betrifft, muss sichergestellt sein, dass eingetroffenes Material wirklich noch am Tag des Eintreffens als Wareneingang gebucht wird. Dies lässt sich am leichtesten durch „optischen Eindruck" überprüfen. Hierzu gehört ein täglicher „Routine-Rundgang" durch den Wareneingang. Material, das am Vortag vorhanden war, darf nicht mehr angetroffen werden. Oft werden „Wareneingangsnummern" in Form von Haftetiketten verwendet, um die Zuordnung der Wareneingangspapiere mit dem Material zu vereinfachen. Dieses einfache Hilfsmittel, trägt dazu bei, Überblick zu gewinnen und zu behalten, über den optischen Eindruck hinaus.

Wenn die umgehende Erfassung der eingetroffenen Materialien sichergestellt ist, wird die Erfassung der Durchlaufzeit bis zur Verfügbarkeit beim Verbraucher messbar. Der Endpunkt für die Messung mag die „Ausbuchung" aus dem Lagerbestand sein. Wesentlich ist jedoch die physische Übergabe an den Verbraucher. Auch hier ist eine regelmäßige physische Betrachtung angebracht. Schließlich ist der Verbraucher des Materials der „interne Kunde".

Die Zeitspanne zwischen „Wareneingangserfassung" und „Ausbuchung"
ist in einem funktionierenden EDV-System einfach zu messen. Sie kann
somit Gegenstand einer Zielvereinbarung, eines Controllings sein. Eine
Zielvereinbarung könnte zum Beispiel mit dem Lagerleiter getroffen werden. Voraussetzung dafür ist, dass dieser verantwortlich für den gesamten Prozess ist oder gemacht wird. Dies schließt den Wareneingang
ebenso wie die Wareneingangskontrolle ein.

Für ein solches Controlling werden alle erfassten Wareneingänge eines
Referenzzeitraums ausgewertet. Dazu werden die Vorgänge isoliert, die
zum Zeitpunkt des Wareneingangs zur unverzüglichen Anlieferung an
den/die Verbraucher anstanden. Für die übrigen Positionen ist der Zeitpunkt der Einlagerung relevant. Auch dieser Wert gibt bereits einigen
Aufschluss über die Situation und lässt die Notwendigkeit von Veränderungen erkennen. Beide Werte sind unabhängig voneinander, jedoch in
gleicher Art und Weise zu behandeln.

In diesem Zusammenhang wird die Anzahl Arbeitstage zwischen Erfassung Wareneingang und Auslagerung ermittelt, eine Summenbildung
vorgenommen und der Mittelwert gebildet. Basisdaten hierzu kann in aller Regel das vorhandene EDV-System liefern. Auf Basis des so ermittelten Ist-Zustands kann eine Soll-Zahl ermittelt, also ein Ziel vereinbart
werden. Der Zielerreichungsgrad kann regelmäßig (z.B. monatlich) überprüft werden. Dazu werden die aktuellen Daten in gleicher Art und Weise
erfasst und ausgewertet. Die Auswertungen sind kumulativ fortzuschrei-
ben.

13. Lieferantenbeziehungen managen

13.1 Lieferanten – Wie definiert man „Partner"?

Jedes Unternehmen hat die Lieferanten, die es verdient. Schließlich hat es sich diese selbst ausgesucht. Bis vor kurzem galt dies für einige bestimmte Dinge nicht – oder zumindest nur bedingt. Inzwischen ist man nicht einmal bei elektrischer Energie unbedingt an einen Lieferanten gebunden. Und was ist mit den Lieferanten, zu denen es keine Alternativen gibt? Die Rede ist von unternehmensspezifischen „Monopolen". Auch diese hat sich das Unternehmen selbst ausgesucht. „Drum prüfe, wer sich ewig bindet" ...

Wie sieht die Beziehung zu Lieferanten aus und wodurch wird diese geprägt? In manchen Unternehmen wird ein Lieferant als ein „Antragsteller" betrachtet, der aus Gründen, die ihn nichts angehen, eine Bestellung erhält. Lieferanten werden im Dunkeln gehalten. Sie werden nach Angebotslage ausgewählt. Auf diese Art und Weise wächst die Anzahl der genutzten Lieferanten. Oft ist es leichter, Lieferant eines Unternehmens zu werden als Mitarbeiter. Vielleicht ist das der Grund dafür, dass viele Unternehmen eine größere Anzahl Lieferanten haben als Mitarbeiter. Oft reicht ein offenbar interessantes Angebot aus, um als Lieferant zugelassen zu werden. Der Weg auf die Gehaltsliste eines Unternehmens ist deutlich schwieriger!

Grundsätzlich muss klar sein, dass Lieferanten benötigt werden, um Lieferungen und Leistungen zu erbringen, die im Unternehmen nicht oder nicht wettbewerbsfähig erbracht werden können, die also nicht zur Kernkompetenz des Unternehmens gehören. Welche Art von Lieferanten wird daher gesucht? Genauer betrachtet, werden also Lieferanten gesucht, die für ihren Bereich besser sind als das Unternehmen selbst. Solche Lieferanten

→   sind führend in ihrem eigenen Marktsegment (also auf ihrem Gebiet)

→   unterstützen nachhaltig Forschung und Entwicklung des Kunden

→   sind solvent und leistungsfähig

→   sind zur strategischen Zusammenarbeit bereit und befähigt

→   sind bereit, an Problemlösungen mitzuwirken

→ sind flexibel, zuverlässig und vertrauenswürdig

→ haben sich auf die Bedürfnisse der Kunden eingestellt

→ sind bereit, sich – zusammen mit den Kunden – weiterzuentwickeln

→ sind zu langfristigen Bindungen (Langfrist-Verträge) bereit

→ haben zuverlässige Qualitätssicherungs-Programme (ISO 9000-Zertifikat)

→ leben den Umweltschutz in ihrer unternehmerischen Praxis (ISO 14001-Zetrifikat)

→ Ikümmern sich um Unfall- und Gesundheitsschutz ihrer Mitarbeiter (OHS 18001)

→ haben Termin-Sicherungs-Programme, die bereits weit vor Fälligkeit der oder Leistung Probleme anzeigen und damit ein rechtzeitiges Eingreifen möglich machen

Solche Lieferanten ergeben sich nicht durch einfachen Angebotsvergleich. Da muss sicher genauer hingesehen werden. Dies gilt insbesondere für den Bereich der Schlüssellieferanten. Wer dort nicht sorgfältig unter Abwägung aller relevanten Faktoren auswählt, sollte sich anschließend nicht wundern, wenn die auf längere Zeit angelegte Zusammenarbeit nicht funktioniert. Gerade mit Schlüssellieferanten stehen gemeinsame Maßnahmen an, die z. B. lauten:

→ Maßnahmen zur Reduzierung der Bestände

→ niedrigere Gesamtkosten

→ kürzere Durchlaufzeiten inklusive Wiederbeschaffungszeiten

→ strategische Lieferantenbeziehungen

→ „Verdrängung" von Wettbewerbern (Konzentration des Bedarfs)

→ frühe Einbindung von Lieferanten in den Entwicklungsprozess

→ besserer und unkomplizierter Informationsfluss

Eine solche Zusammenarbeit kann nicht mit beliebig vielen Lieferanten herbeigeführt werden, und in aller Regel sind auch nicht alle vorhandenen Lieferanten hierzu bereit und in der Lage. Es muss also etwas Grundsätzliches geschehen, das über die Konsequenzen aus der Lieferantenbewertung deutlich hinausgeht.

13.2 Optimierung der Lieferantenanzahl

Die Anzahl der Lieferanten ist meist von der Marktlage bestimmt. Demzufolge gibt es für Materialien/Leistungen, für die es viele Anbieter gibt, auch viele Lieferanten. So wird also gerade dort, wo schon reichlich Wettbewerb besteht, die eigene Nachfragemacht durch Aufsplittung des Bedarfs geschmälert. Wenn man fragt, warum so viele Lieferanten einer bestimmten Materialgruppe vorhanden sind, dominieren folgende Antworten:

→ Vorliegende Angebote haben zur Aufteilung des Bedarfs geführt. Wir haben doch nichts zu verschenken!

→ Es sind mehrere Lieferanten vorhanden, damit wir austauschen können, wenn es mit einem Lieferanten einmal Probleme gibt. Sicherheit muss sein!

→ Wenn ein Lieferant uns Schwierigkeiten macht, wollen wir sofort wechseln können. Wir wollen unabhängig sein!

Die vorstehenden Antworten zeigen vor allem konventionelles Denken, das eine Lieferantenintegration nur schwerlich zulässt. Das Verhalten ist bewusst oder unbewusst von Misstrauen geprägt. Chancen, die aus Bedarfsbündelung hervorgehen können, werden nicht genutzt. Operative Marktchancen werden ausgeschöpft, dadurch strategische Chancen nicht angegangen. Wer zwei Lieferanten braucht, da einer allein für eine sichere Versorgung nicht ausreicht, hat den „ausreichenden" Lieferanten vielleicht nur noch nicht gefunden. Ob die Suche wohl intensiv genug war?

Grundsätzlich muss die Frage gestellt werden, wie viele Lieferanten für die einzelne Materialgruppe benötigt werden. Hier muss die Portfolio-Analyse zur Beantwortung der Frage herangezogen werden. Anhand dieser lässt sich der optimale Strategieansatz „ablesen". Dieser kann sich zum Beispiel erstrecken auf:

→ Schlüsselmaterial   mind. 1 Lieferant, mögl. 2 Lieferanten
→ Engpassmaterial   1 Lieferant
→ Unkritisches Material   Konzentration auf mögl. 1 Lieferanten
→ Hebelmaterial   1 - 2 Lieferanten

Betrachtet man die Praxis, stellt sich die Situation sicher sehr viel komplexer und differenzierter dar. In den meisten traditionellen Unternehmen ist erheblicher Handlungsbedarf gegeben. Einerseits gibt es zu viele Lieferanten für Hebelmaterial und unkritisches Material (Bedarfsbündelung zwecks Stärkung der Nachfragemacht), andererseits wären bei Schlüssellieferanten eine größere Anzahl (Bedarfsteilung zwecks Reduzierung von Abhängigkeit) optimal. Insgesamt haben die Unternehmen jedoch zu viele Lieferanten.

Es gilt also, sich einen Überblick zu verschaffen und hieraus Ziele abzuleiten. Vom Grundsatz her ist dies recht einfach. Dazu bemüht man die „Lieferanten-Pyramide". Diese ist in Abbildung 45 dargestellt.

Entwicklung der Anzahl Lieferanten

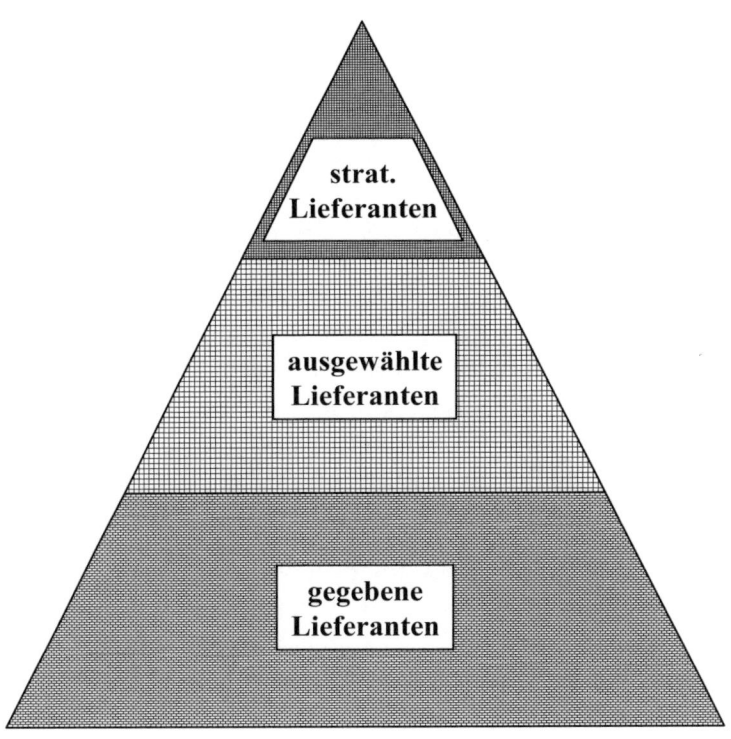

Abbildung 45

131

Der Ablauf von unten nach oben gestaltet sich wie folgt:

1.) Ausgangspunkt und Lieferantenbasis sind die zur Zeit zur Liefe- rung zugelassenen Lieferanten.

2.) Aus dieser „Lieferantenmasse" werden die Lieferanten ermittelt (ausgewählte Lieferanten), die das Potenzial haben oder gewinnen können, um strategische Lieferanten zu sein oder zu werden. So- weit erforderlich wird der Kreis der bereits vorhandenen Lieferanten durch neue Lieferanten ergänzt.

3.) Aus diesem optimierten Kreis der ausgewählten Lieferanten wer- den die „strategischen Lieferanten" ermittelt.

Dieser Prozess der Lieferantenoptimierung setzt eine Verhaltensände- rung voraus. Es geht nicht nur um ein „Austrocknen des Sumpfes", der sich im Laufe der Jahre ergeben hat. Es geht um eine gezielte Optimie- rung der Lieferantenanzahl. Dazu gehört auf jeden Fall auch eine „Blut- auffrischung", das Hinzunehmen neuer Lieferanten. Sind doch sehr häu- fig nur deshalb mehrere Lieferanten erforderlich, weil alle bisherigen nicht die gesamte Materialgruppe liefern können oder keiner dieser Liefe- ranten allein eine wirklich ausreichende Versorgungssicherheit gewähr- leisten kann. – Die Probleme der Lieferanten werden gelöst, bevor sie zu eigenen Problemen werden. In Wirklichkeit werden die Probleme der Lie- feranten dadurch lediglich zu eigenen Problemen, bevor sie überhaupt entstanden sind. Dadurch wird den wirklich leistungsfähigen Lieferanten die Chance auf ein Alleinstellungsmerkmal genommen. Sie können nicht beweisen, als Allein-Lieferant geeignet zu sein.

Zur Auswahl der verbleibenden Lieferanten muss auch die Festlegung von Auswahlkriterien gehören. – Was soll der ausgewählte bzw. auszu- wählende Lieferant eigentlich leisten? Diese Frage wird sicherlich bei ei- nem Lieferanten für Normteile anders lauten als bei einem für speziell entwickelte Komponenten. Hier ist sorgfältige Abwägung gefragt. Sehr oft lassen sich die Kriterien nur in einem funktionsübergreifenden Team fest- legen. Gleiches kann für die Bewertung der Lieferanten gelten. Soll z. B. ein Entwicklungslieferant ohne die Entwicklung festgelegt werden oder die Abläufe für direkte Anlieferung in die Fertigung ohne Fertigung? Wer versucht, ohne Teamarbeit auszukommen, darf sich über mangelnde Ak- zeptanz nicht wundern.

Der Auswahl der optimalen Lieferanten ist nur durch gezielte Maßnahmen beizukommen, die bei den unmittelbar betroffenen Mitarbeitern ansetzen. Wer kennt sich besser in den Materialgruppen und mit den dafür infrage kommenden Lieferanten aus als die hierfür zuständigen strategischen Einkäufer? Dies gilt auch für die Einbeziehung weiterer Mitarbeiter anderer tangierter Bereiche. Demzufolge ist eine Zielvereinbarung, ein Controlling auf Mitarbeiterebene durchaus angebracht. Hierzu wird festgestellt

1.) Für welche Materialgruppen ist welcher strategische Einkäufer verantwortlich?

2.) Welche – wie viele – Lieferanten zählen zu diesen Materialgruppen?

3.) Wie viele Lieferanten sind zur Erfüllung der Aufgaben wirklich erforderlich?

Mithilfe dieser Fragen wird eine Ist-Aufnahme durchgeführt und ein Soll-Zustand festgelegt. Nun gilt es, diesen in eine Zielvereinbarung zu überführen, die dann einem regelmäßigen Controlling unterliegt. Es ist empfehlenswert, sich hierzu auf die Zahlen und Fakten der Lieferanten-Buchhaltung zu beziehen. Dadurch ist problemlos die Anzahl der Lieferanten aus der Referenz-Periode zu ermitteln. Diese tauchen in der zu betrachtenden Periode entweder auf oder nicht. Werden auch neu hinzukommende Lieferanten entsprechend zugeordnet, ist das Controlling recht einfach. Das Controlling ist in Abbildung 46 dargestellt.

Durch die nachträgliche Erfassung von Umsätzen entsteht ein Zeitversatz gegenüber der Einkaufsentscheidung. Dieser ist jedoch akzeptabel, da man zum einen realisiert, dass es sich hier um eine sehr einfache Messung handelt, deren Basisdaten bereits vorhanden sind und zum anderen verlässliche Informationen gewonnen werden; es sich also nicht um Absichtserklärungen, sondern um Tatsachen handelt.

Controlling Anzahl Lieferanten

Mitarbeiter	Ausgangs-basis	Soll IV/2009	I/2009 Ist	II/2009 Ist	III/2009 Ist	IV/2009 Ist	akt. Abweichung
H. Braun	124	95	81	87			-8
Fr. Groß	297	225	153	172			-53
H. Klein	98	90	72	81			-9
H. Schmitz	219	150	92	129			-21
Fr. Zeisig	147	120	102	106			-14
Gesamt	885	680	500	575			-105

Abbildung 46

13.3 Langfristige Verträge – Partnerschaften

Die Anzahl Lieferanten als solche ist ein wichtiges Indiz für die Entwicklung der Zusammenarbeit mit Lieferanten. Allerdings ist diese Zahl hinsichtlich „Schlüssellieferanten" nur bedingt aussagefähig. Gilt es doch, hier nicht unbedingt mit weniger Lieferanten auszukommen, sondern das Optimum zu finden. Unter Umständen sind die einzelnen Lieferanten noch nicht festgelegt. Feststeht jedoch, dass die Zusammenarbeit mit den Lieferanten auf eine solide Grundlage gestellt werden soll. Die rechtliche Basis für eine längerfristige Zusammenarbeit sollte ein Kooperationsvertrag sein. Ein solcher Vertrag soll die Bürokratie eingrenzen und die Leistungsfähigkeit des jeweiligen Lieferanten erschließen helfen. Es sind also zum Beispiel zu regeln

→   Konkrete gemeinsame Projekte

→   Aufteilung gemeinsamer Einsparungen

→   Entwicklung der Zusammenarbeit

→   Form der Preisüberprüfung

→   Informationsaustausch (z. B. EDI)

→   Zielwerte für die Lieferantenbewertung

→   Laufzeit des Vertrages

Ein solcher Vertrag stellt den Lieferanten weitgehend vom regelmäßigen Wettbewerb frei. Es muss allerdings allen Beteiligten klar sein, dass die Fortsetzung des Vertrages über die konkrete Laufzeit hinaus eine strenge und ernsthafte Prüfung voraussetzt. Dies darf keine reine Formsache sein. Andernfalls werden über die Hintertür wieder die altbekannten „Haus- und Hoflieferanten" eingeführt, die von Einkäufer-Generation zu Einkäufer-Generation weitergegeben werden.

Als Laufzeit für derartige Verträge hat sich eine Frist von mind. 3 Jahren, max. 5 Jahren als realistisch herausgestellt. Eine Preisüberprüfung kann hiervon abgekoppelt werden. Diese kann zum Beispiel auf eine jährliche Basis bezogen sein. In jedem Fall ist zu vereinbaren, was geschieht, wenn keine einvernehmliche Verständigung hinsichtlich künftig gültiger Preise zustande kommt.

Zunächst einmal geht es jedoch darum, langfristige Verträge zu generieren. Diese Aufgabe sollte nicht dem Einkaufsleiter zugeordnet werden. Dieser wird die Verträge vielleicht persönlich unterschreiben, aber hoffentlich nicht alle persönlich aushandeln. Dies wird auf der Mitarbeiterebene geschehen, auf der demnach auch die Zielvereinbarung zu treffen ist. Der Einkäufer wird erklären müssen, wie groß das „Vertrags-Potenzial" in seinem Bereich ist. Die Potenziale sind genau zu durchleuchten. Andernfalls besteht Gefahr, dass Lieferanten für „Hebel-Produkte" mit Langfristverträgen bedacht werden. Dadurch würden Marktchancen vertan. Es muss also klare Regeln im Sinne einer Checkliste geben, für welche Lieferanten längerfristige Verträge wünschenswert sind und für welche diese als eher kontraproduktiv anzusehen sind.

Für Zielvereinbarung und Controlling ist die Anzahl der Lieferanten ebenso gefragt wie das hierdurch repräsentierte Einkaufsvolumen. Beide Aussagen sind wichtig. Anhand der Zuordnung der Materialgruppen und Lieferanten zu den Einkäufern lässt sich ermitteln, wie groß das Potenzial im Einzelnen ist. Auf dieser Grundlage lässt sich eine Zielvereinbarung ermitteln, die regelmäßig (z. B. vierteljährlich) mittels Controlling überprüft wird. Ein solches Verfahren ist in Abbildung 47 dargestellt.

Controlling Abschluss von Langfristverträgen

Mitarbeiter/ Einkaufsgruppe	Ausgangsbasis		Zielvereinbarung		aktueller Stand		Abweichung	
	Lieferanten	Vol. €	Lieferanten	Vol. €	Lieferanten	Vol. €	Lieferanten	Vol. €
H. Gross	28	35.780	21	26.835	5	6.344	16	20.491
F. Klein	14	50.870	10	38.153	3	11.059	7	27.094
S. Kurz	58	104.290	43	78.218	10	18.106	33	60.112
P. Lange	63	45.850	47	34.388	15	10.917	32	23.471
A. Adam	8	98.150	6	73.613	1	12.583	5	61.029
Z. Huber	25	145.020	18	108.765	7	41.266	11	67.499
M. Müller	43	33.440	32	25.080	14	10.837	18	14.243
Gesamt	238	513.400	179	385.050	55	111.111	124	273.939

Abbildung 47

13.4 Lieferantenwechsel steuern – Verkrustungen aufbrechen

Kunden-Lieferanten-Beziehungen sind häufig auf lange Zeit angelegt. Selbst wenn es sich nicht um Schlüssellieferanten handelt, zu denen monopolähnliche Beziehungen bestehen, haben diese oft kritiklos über viele Jahre Bestand. Lieferanten feiern silbernes oder gar goldenes Jubiläum in der Zusammenarbeit. Dies muss nichts Schlechtes sein. Langjährige Zusammenarbeit ist aber kein Freibrief. Die Gründe für den Fortbestand der hoffentlich erfolgreichen Zusammenarbeit müssen regelmäßig hinterfragt werden. Andernfalls schottet sich der Kunde selbst vom Beschaffungsmarkt ab. Immer wieder muss die Frage gestellt werden, ob das Unternehmen wirklich über die richtigen Lieferanten verfügt. Dies zeigt sich zum einen anhand von Auswertungen zur Lieferantenbewertung. Dabei wird aber im Wesentlichen die operative Zuverlässigkeit der einzelnen Lieferanten gewürdigt. Langfristige Zusammenarbeit kann nur dann von Erfolg gekrönt sein, wenn die Zusammenarbeit regelmäßig auf den Prüfstein gestellt wird. Demzufolge muss rechtzeitig vor Auslaufen eines langfristigen Vertrages überprüft werden, ob es Alternativen zu einer Vertragsverlängerung gibt. Dazu muss der Beschaffungsmarkt in angemessener Art und Weise betrachtet werden. Ob eine systematische Beschaffungsmarktforschung betrieben werden muss, sollte jedes Unternehmen für sich entscheiden.

Unzweifelhaft ist jedenfalls, dass zuverlässige und erfahrene Lieferanten gefragt sind, denen man nicht bei jeder Bestellung alle Prozesse neu erklären muss. Sie kennen die erforderliche Qualität und alle anderen Erfordernisse, sind solvent und zuverlässig. Daneben werden aber auch neue Lieferanten benötigt. Hierfür können folgende Kriterien beispielhaft angeführt werden:

→ Ersatz vorhandener Lieferanten durch leistungsfähigere

→ Zusätzlicher Know-how-Input

→ Neue Produkte

→ Outsourcing

Bisherige Lieferanten entfallen und neue kommen hinzu. Dies ist ein gewollter Prozess. Dieser bedarf jedoch auch der Steuerung, des Controlling, das zweckmäßigerweise neben der Optimierung der Lieferantenanzahl betrieben werden sollte. Eine einseitige Reduzierung ohne jede Neuerung ist unerwünscht.

Das Controlling hierzu muss auf der Mitarbeiterebene erfolgen. Eine Verdichtung auf Unternehmensebene ist allerdings ebenfalls unverzichtbar. Andernfalls würde der Gesamtüberblick verloren gehen bzw. nicht gegeben sein.

Ein vierteljährliches Controlling der Ergebnisse sollte ausreichen. Jedoch ist sicherzustellen, dass Einzelentscheidungen (z. B. Freigabe oder Sperrung von Lieferanten) zeitnah erfasst werden. Ein Beispiel für ein entsprechendes Controlling ist in Abbildung 48 als Auszug aus einer Tabelle dargestellt.

Mitarbeiter Einkaufsgruppe	Aus-gangs-basis	Zielvereinbarung		Ist I/2009		Ist II/2009		Ist III/2009		Ist IV/2009		Abweichung	
		entfallene	neue	entfallene	neue	entf.	neue	entf.	neue	entf.	neue	entf.	neue
H. Gross	124	15	2	5	1							-10	-1
F. Klein	297	36	6	3	2							-33	-4
S. Kurz	98	12	2	10	0							-2	-2
P. Lange	219	26	4	15	1							-11	-3
A. Adam	147	18	3	1	1							-17	-2
Z. Huber	76	9	2	7	0							-2	-2
M. Müller	105	13	2	14	0							1	-2
Gesamt	1.066	128	21	55	5	0	0	0	0	0	0	-73	-16

Abbildung 48

13.5 Entwicklungslieferanten – Know-how-Integration

Besonders wichtig ist es, geeignete Lieferanten schon zu einem möglichst frühen Zeitpunkt in Entwicklungsprojekte zu integrieren. Dies kann sowohl auf der Teileebene, als auch auf der Produktebene geschehen. In jedem Fall ist es wichtig, mit Entwicklungslieferanten schon rechtzeitig eine geeignete Vereinbarung zu treffen. Diese muss z. B. die Geheimhaltung regeln und klare Aussagen zu Nutzungsrechten machen, die aus eventuellen Patenten oder ähnlichem hervorgehen könnten.

Bei einer konventionellen Entwicklung wird mit eigenem Personal das gesamte Funktions- und Teilespektrum von der letzten Unterlegscheibe bis zur Übersichtszeichnung abgearbeitet. Erst dann werden mögliche Lieferanten über Anfragen „eingebunden". Wenn überhaupt, so haben Lieferanten erst zu diesem Zeitpunkt Gelegenheit, ihr Know-how einzubringen. Dies erstreckt sich dann meist auf kleine Korrekturen auf der Teileebene. Zu größeren Änderungen bleibt kaum Zeit. Der Aufwand wäre auch zu hoch, einzelne Änderungen bis in die letzte Stufe durchzuziehen. Ist dies im Einzelfall erforderlich, so wirkt sich diese Situation auf die zeitlichen Abläufe und unter Umständen auf die finanzielle Abwicklung kontraproduktiv aus.

Anders stellen sich die Abläufe bei einer frühzeitigen Lieferantenintegration dar. Die Grundidee wird nach wie vor das entwickelnde Unternehmen haben müssen. Doch schon in der Phase der konzeptionellen Umsetzung sollten die Entwicklungslieferanten integriert werden. Demzufolge können diese schon bei der Entwicklung der Basis-Komponenten ihr spezifisches Know-how einbringen. In dieser Phase konkurrieren dann Ideen und Technologien. Quantensprünge sind möglich, nicht nur marginale Unterschiede wie dies bei einer Anfrageaktion bei festgelegten Technologien der Fall ist.

Abbildung 49 zeigt eine vergleichende Darstellung zwischen einer traditionellen Entwicklung und dem Ablauf einer Entwicklung mit frühzeitiger Lieferantenintegration. Hier werden vor allem die zeitlichen Vorteile sichtbar. Die Nutzung von Lieferanten-Know-How führt zwar zu höherem Koordinationsaufwand, reduziert aber deutlich die Entwicklungszeit. Mit großer Wahrscheinlichkeit entsteht ein höherwertiges Produkt. Fast zwangsläufig sind auch Kosteneinsparungen die Folge.

Vergleich konventionelle Entwicklung und Lieferanten-Integration in die Entwicklung

konventionelle Entwicklung

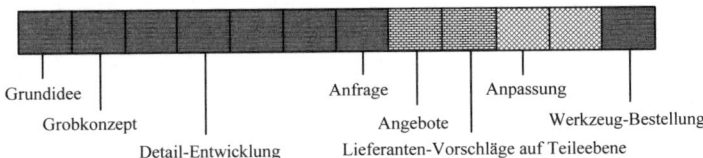

Lieferanten-Integration in Entwicklung

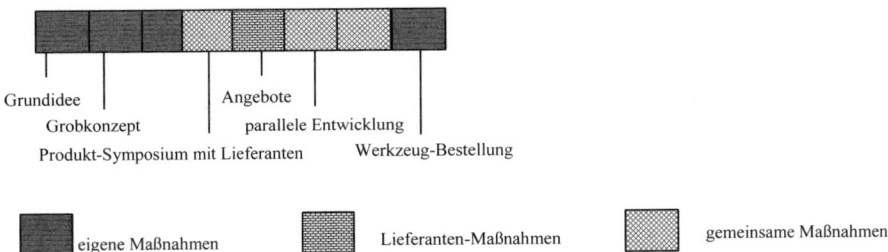

Abbildung 49

Gemeinsame Entwicklung auf der Produktebene ist sicher nicht einfach durchzusetzen. Ist die Entscheidung hingegen erst einmal gefallen und sind die ersten Schritte getan, handelt es sich ab dann eher um ein operatives Problem. Es gilt, die einzelnen Schritte und Personen zu koordinieren. Im übrigen läuft der Vorgang fast wie von selbst. Ein übergeordnetes Controlling wird sich vermutlich auf ein Termin-Controlling beschränken.

Ein aufwendigeres Controlling ist gefragt, wenn es um die Lieferantenintegration auf der Teileebene handelt. Warum werden funktionale Kunststoffteile von einem Maschinenbauer oder einem Elektroingenieur bis in alle Details entwickelt – und nicht von einem Kunststoff-Fachmann? Bleibt es bei der traditionellen Vorgehensweise, so wird der Maschinenbauer eine Zeichnung erstellen, die seinen Bedürfnissen entspricht. Das Bauteil wird hoffentlich zu den korrespondierenden Bauteile passen. Aller Voraussicht nach wird die Zeichnung nicht präzise genug sein, um anhand der aufgeführten Maße und Konturen ein Fertigungswerkzeug für dieses Bauteil zu erstellen. Hierfür sind weitere Aufwendungen auf Seiten des Lieferanten erforderlich. Warum nicht gleich so? Weil bei der Entstehung des Bauteils meist noch nicht feststeht, welcher Lieferant dieses Bauteil jemals liefern wird. Die Folge sind technisch kaum ausgereifte Bauteile, die beim jeweils kostengünstigsten (oder billigsten?) Lieferanten gekauft werden.

Wäre im Vorfeld der „richtige" Lieferant für diese Art von Bauteilen festgelegt worden, hätte dies gleich zum „optimalen" Bauteil geführt. Vielleicht hätte man auch zwei alternative Lösungen parallel überprüfen lassen können. Warum können Lieferanten, die über das notwendige Knowhow verfügen und zur Reduzierung der Kosten beitragen, nicht schon im Vorfeld ermittelt und festgelegt werden? Werden doch mindestens 80 Prozent der Kosten durch die Wahl des Designs festgelegt. Für den Einfluss über die Lieferantenauswahl bleiben demzufolge nur 20 Prozent.

Das Controlling muss in diesem Zusammenhang an zwei Punkten ansetzen. Zum einen müssen hinreichend viele und geeignete Entwicklungs-Lieferanten ermittelt und festgelegt werden (z. B. anhand der erforderlichen Technologien). An dieser Festlegung müssen Einkauf und Entwicklung gemeinsam mitwirken.

Ein Beitrag zur Zielerreichung ist geleistet, wenn eine entsprechende Vereinbarung mit dem hierzu gemeinsam ausgewählten Lieferanten getroffen und diese Information an die Entwicklung gegeben wurde. Möglichkeiten hierzu bieten eine gemeinsame Datenbank oder auch nur eine ständig gepflegte Datei. Eine solche Vorgehensweise sorgt für raschen Informationsfluss und gleichmäßig gutes Informationsniveau. Eine Alternative dazu bietet der durch den Einkauf gepflegte „Entwicklungs-Ordner". Dieser hat in der Entwicklung sein „zu Hause", wird jedoch durch Einkauf gepflegt. Vielleicht macht es Sinn, diesen Entwicklungsordner als Kopien an mehreren Stellen in der Entwicklung zu platzieren. Der Pflegeaufwand steigt jedoch erheblich mit jeder weiteren Kopie. Nicht zuletzt deshalb ist die elektronische Version zu bevorzugen.

Controlling Entwicklungs-Lieferanten

Einkaufs-Mitarbeiter	Soll IV/2009	I/2009 Ist	II/2009 Ist	III/2009 Ist	IV/2009 Ist	akt. Abweichung
H. Braun	15	0	5			-10
Fr. Groß	20	2	6			-14
H. Klein	16	1	4			-12
H. Schmitz	32	3	9			-23
Fr. Zeisig	20	1	12			-8
Gesamt	103	7	36	0	0	-67

Abbildung 50

Ein Beispiel für eine Zielvereinbarung auf der Mitarbeiterebene Einkauf ist in Abbildung 50 dargestellt. Das Controlling beschränkt sich auf die Messung der abgeschlossenen Verträge. Die Volumina sind nicht dargestellt. Da Kreativität und Einsparung nicht unbedingt mit dem realisierten Volumen einhergehen würde das Messen der Lieferanten-Umsätze keinen sonderlichen Aussagewert besitzen. Sinnvoller ist es, darauf zu achten, dass Vereinbarungen mit den „richtigen" Lieferanten geschlossen werden. Diese Information muss auch in der Entwicklung bekannt sein.

Nutzen entsteht aber erst, wenn die Vereinbarungen mit Leben erfüllt werden. Auch dies sollte über den erwähnten Aspekt hinaus Gegenstand einer Zielvereinbarung, eines Controllings sein. In diese sollten der Leiter der Entwicklung und seine Mitarbeiter eingebunden werden. Wie im Einkauf reicht es jedoch nicht aus, nur mit dem Leiter der Entwicklung, eine Zielvereinbarung zu treffen. Die einzelnen Entwickler müssen sich in dieser wiederfinden. Da wohl kaum mit hinreichender Genauigkeit die Anzahl neuer bzw. konstruktiv zu überarbeitender Vorgänge (Bauteile, Baugruppen) einzuschätzen ist, macht eine Vereinbarung auf Basis des prozentualen Anteils Sinn. Bei dem in Abbildung 51 dargestellten Beispiel hat man sich auf einen Anteil von 50 Prozent verständigt. Alle Mitarbeiter der Entwicklung wollen demzufolge jedes zweite Bauteil vor der konstruktiven Fertigstellung mit einem Entwicklungslieferanten durchsprechen und auf Verbesserungspotenziale untersuchen. Die Auswertung des ersten Quartals zeigt die Gesamt-Anzahl der Vorgänge und die Teilmenge der hierin enthaltenen Vorgänge mit frühzeitiger Einbeziehung von Entwicklungslieferanten. Die Spalte „Abweichungen" zeigt, wie weit das vereinbarte Ziel noch entfernt ist und ob dieses noch erreichbar sein dürfte. Abweichungen sind zu diskutieren. Es muss Gründe für diese Abweichungen geben. Diese zu kennen, ist Voraussetzung zur Verbesserung für die Zukunft. Abweichungen sind zu diskutieren. Es muss Gründe für diese Abweichungen geben. Diese zu kennen, ist Voraussetzung zur Verbesserung für die Zukunft.

Controlling realisierte Lieferanten-Integration
(Entwicklung)

Entwicklungs-Mitarbeiter	Soll	I/2009			II/2009			III/2009			IV/2009			Ab-weichung
	IV/2009	gesamt	mit Lft.	%	gesamt	mit Lft.	%	gesamt	mit Lft.	%	gesamt	mit Lft.	%	%
B. Kling	50%	32	6	19										-31
K. Kurz	50%	24	12	50										0
F. Meise	50%	40	8	20										-30
M. Martin	50%	18	10	56										6
K. Otto	50%	30	14	47										-3
Gesamt	50%	144	50	35	0	0		0	0		0	0		-15

Abbildung 51

14. Veränderungen im Beschaffungsverhalten

14.1 Psychologische Hemmnisse

Probleme beginnen im Kopf. Dort müssen sie auch enden. Das klingt einfach, ist jedoch ein äußerst schwieriger Prozess. Offenbar ist fast nichts schwieriger, als ausgetretene Pfade zu verlassen und neue zu betreten oder erkannten Notwendigkeiten tatsächlich und nachdrücklich Rechnung zu tragen. Natürlich sollte man die Chancen des Internet besser nutzen als bisher und natürlich wollte man immer schon mehr Global Sourcing betreiben. Aber in der Praxis? Viele „nette Ideen" bleiben gerade in bezug auf diese beiden Entwicklungen im Gestrüpp des Tagesgeschäftes hängen.

Gegebene Möglichkeiten werden aus Unkenntnis nicht genutzt. Noch häufiger spielt die Sorge vor Veränderungen eine große Rolle. Offenbar sehen Einkäufer in Veränderungen die Risiken stärker ausgeprägt als die Chancen. Diese Hürde gilt es zu nehmen. Hierzu dienen Information und Training ebenso wie klare Zielvereinbarungen und deren Controlling. Nur so wird aus „ein paar netten Ideen" ein erfolgreiches Konzept.

14.2 Global Sourcing – Grenzen überwinden

14.2.1 Chancen und Risiken

Weltweite Beschaffung ist nichts Neues. Die Liberalisierung der Märkte schafft Möglichkeiten, unterschiedliche Kosten und ein unterschiedliches Marktpreis-Niveau zu nutzen. Die inzwischen gegebenen Informationsstrukturen und die internationale Transport-Logistik lassen Entfernungen schrumpfen. Es stören allenfalls noch die unterschiedlichen Zeitzonen. In bezug auf die Zeit sind China und die USA gleich weit entfernt, jeweils 6 Stunden, nur eben in entgegengesetzter Richtung.

Die Standard-Erwartung z. B. in bezug auf Lieferzeiten ist allerdings auch nicht mehr völlig in Übereinstimmung mit der von vor 10 Jahren. Waren vor 10 Jahren Lieferzeiten von 6 Wochen für ein Rohmaterial völlig in Ordnung, da aus diesem immer die gleichen Teile gefertigt wurden (natürlich im eigenen Unternehmen), so sind derzeit Lieferzeiten von 6 Arbeitstagen für die (inzwischen eingekauften) Teile kaum noch zu ertragen. So sind aus Wochenterminen fast unbemerkt Tagestermine geworden. In einigen Branchen ist selbst dies noch viel zu grob, Stundentermine sind gefragt.

Ist vor diesem Hintergrund Global Sourcing überhaupt noch möglich? Schließlich sollen über eine Entfernung von mitunter 10.000 Kilometer und mehr Materialien geliefert werden. Wie sollen unter diesen Voraussetzungen kurze Lieferzeiten (Anlieferzeiten) realisiert werden? Schließlich dauert der Seeweg aus Fernost nach Deutschland 6 bis 8 Wochen! Passt das alles zusammen?

Warum kommt der Videorecorder aus Taiwan, das Oberhemd aus Thailand, die CD aus Korea, die inzwischen reife Banane aus Südamerika? Dies sind alles Produkte, die von Menschen benutzt werden, die für den eigenen Bereich Global Sourcing für kaum vorstellbar halten. Probleme beginnen im Kopf; die Lösungen sollten auch von dort kommen. Wir müssen sie allerdings suchen und finden wollen! Logistische Probleme sind zum Lösen da, sonst gäbe es sie gar nicht.

Was sind Gründe, die gegen Global Sourcing sprechen?

→　　Lieferanten sind weit entfernt.

→　　Lieferanten sind unzuverlässig bezüglich Termin und Qualität.

→　　Die Kommunikation ist schwierig.

→　　Die Lieferzeit ist zu lang.

→　　Die Lagerkapazitäten sind zu gering.

→　　Die Flexibilität reicht nicht aus.

Sind das alles unlösbare Probleme? Die Probleme würden schnell gelöst, wenn sie den Lieferanten „um die Ecke" beträfen. Aber über 10.000 Kilometer hinweg? Hier steckt mehr dahinter als nur Trägheit. Man würde den Mitarbeitern sicher Unrecht tun bei solch einseitiger Betrachtung. Schließlich sind sie auch für die Versorgung verantwortlich oder zumindest mitverantwortlich. Da erscheint jeder Lieferantenwechsel auf solche Distanz wie ein vielleicht ungedeckter Wechsel auf die Zukunft. Deshalb kann ein blinder Lieferantenwechsel auf Distanz kaum gutgeheißen werden. Für das Unterlassen jeder Aktivität in dieser Hinsicht gilt dies allerdings auch!

Vorbereitungen für einen Lieferantenwechsel können niemals zu aufwendig sein. Dies gilt für Lieferanten in Europa ebenso, wie für solche in

Asien oder Afrika. Ein schlecht vorbereiteter Wechsel zu einem solchen Lieferanten würde dem Unternehmen schaden, ein erst gar nicht ins Auge gefasster und somit gar nicht vorbereiteter allerdings auch in mindestens gleichem Maße.

14.2.2 Umdenken durch Controlling fördern

In wessen Aufgabengebiet fällt Global Sourcing eigentlich? Wer trägt die Verantwortung zu entscheiden, ob dies im Einzelfall möglich ist oder nicht? In den meisten Unternehmen liegt die Entscheidung zur Lieferantenauswahl beim Einkauf. Bei wem genau? Sicher beim zuständigen Einkäufer! Dieser wird sich bei schwerwiegenden Entscheidungen mit anderen (z. B. Vorgesetzten, Kollegen anderer Fachbereiche) abstimmen; dennoch bleibt er zumindest für die Vorbereitung und das Herbeiführen einer entsprechenden Entscheidung verantwortlich.

Also ist wieder einmal der strategische Einkäufer die Zielperson für eine Zielvereinbarung in Sachen Global Sourcing. Dieses Ziel muss mit anderen Zielen (z. B. Wiederbeschaffungszeit, Höhe der Bestände, Kommunikations- und Reisekosten) harmonisiert sein. Global Sourcing ohne Investition in Vorbereitung und Durchführung funktioniert nicht einmal theoretisch. Die Vorteile (eines niedrigen Preises) sind durch angemessene Aufwendungen zu erkaufen. Bekanntlich gibt es im Geschäftsleben keine zulässigen Geschenke in nennenswerter Höhe.

Für eine Zielvereinbarung auf Ebene der zuständigen strategischen Einkäufer muss zunächst einmal das Potenzial festgestellt werden. Auch hierzu empfiehlt sich wieder die Portfolio-Analyse. Schließlich kann es sich bei dem einzugrenzenden Potenzial nur um solches aus den Quadranten Hebel- und Schlüsselmaterial handeln. Gerade in Zusammenhang mit Global Sourcing muss Einigkeit bezüglich Strategie und Methode bestehen. Aus diesem Grunde wird das Potenzial erfasst und ein Ziel definiert. Eine Zielüber- wie -unterschreitung ist unerwünscht, bedarf zumindest einer vorherigen Korrektur der Zielvereinbarung.

Ein einfaches Controlling kann sich auf Volumina beziehen. Nahe am Geschehen bleibt man, wenn die Messgröße sich auf das Bestellvolumen und nicht auf das Rechnungsvolumen bezieht. Es bleibt dann eher noch Zeit zum Gegensteuern.

Einkaufs-Mitarbeiter	Soll IV/2009 (€)	I/2009 €	II/2009 €	III/2009 €	IV/2009 €	Gesamt €	%	Abweichung €	%
B. Kling	25.000	0				0	0	-25.000	-100
K. Kurz	100.000	50.000				50.000	50	-50.000	-50
F. Meise	50.000	5.000				5.000	10	-45.000	-90
M. Martin	25.000	5.000				5.000	20	-20.000	-80
K. Otto	0	1.000				1.000	100	1.000	+100
Gesamt	200.000	61.000	0	0	0	61.000	31	-139.000	-70

Abbildung 52

Abbildung 52 zeigt eine solche Zielvereinbarung. Hier wird eine Zielver-einbarung – bezogen auf ein Jahr – dargestellt. Vierteljährlich wird die Übereinstimmung mit der Zielvereinbarung gemessen und die Abwei-chung betrachtet. Positive wie negative Abweichungen werden diskutiert, hieraus resultierende Maßnahmen beschlossen.

14.3 Internet-Auktionen – Virtuelle Märkte schaffen

14.3.1 Grundsätzliches zur Internet-Auktion

Was geschieht, wenn ein „lohnender Vorgang" zur Vergabe ansteht? Üb-licherweise wird bei mehreren Lieferanten angefragt. Es wird ein Ange-botsvergleich erstellt und mit dem günstigsten Bieter wird noch einmal verhandelt. Es ist eher ein Ausnahmefall, wenn mit mehreren Anbietern noch einmal verhandelt wird. Jedes andere Vorgehen wird als zu auf-wendig betrachtet. Theoretisch könnte man doch alle Bieter einladen, sie in unterschiedliche Besprechungszimmer setzen und mit Ihnen dann nacheinander und immer wieder auf Basis des jeweils aktuellen Ver-handlungsstandes mit den anderen Bietern verhandeln.

Irgendwie klingt das ungewöhnlich. Es klingt reizvoll, aber man fragt sich schon, ob für ein solches Verhalten im Unternehmen und bei den Liefe-ranten Akzeptanz zu finden wäre. Ob im eigenen Unternehmen die Akzeptanz zu finden wäre, ist sicher eine Frage der Unternehmenskultur. Um diese bei den Lieferanten zu finden, muss man ganz sicher schon ein sehr großer Nachfrager sein. Freunde macht man sich mit einem solchen Vorhaben sicher nicht. Wer nicht zum Zug kommt, wird sich nicht zuletzt über den Aufwand ärgern, wer zum Zug kommt, wird sich vielleicht ausgespielt vorkommen.

Vermutlich würde ein solches Verfahren keine großen Chancen haben. Sowohl die Kultur in den Unternehmen als auch der mit einer solchen Prozedur verbundene Aufwand, sprechen dagegen. Die Möglichkeiten des Internet eröffnen hier aber neue Chancen. Mithilfe einer Internet-Auktion (Reverse Auction) wird die Möglichkeit geschaffen, mit mehreren ausgewählten Bietern virtuell zu „verhandeln". Die Bieter erhalten die Möglichkeit, ihre Gebote der sich wandelnden Marktlage anzupassen. Sie können dabei sicher sein, nicht durch „Pokern" der anderen Seite übervorteilt zu werden. Der Kunde bleibt während der Auktion „außen vor" und kann dem freien Spiel des Marktes – je nach Mentalität gelassen oder gespannt – zusehen.

Wer eine Internet-Auktion für seine Bedarfe durchführen möchte, benötigt dafür eine Plattform, wie sie von verschiedenen nationalen und internationalen Betreibern angeboten wird. Sie kann von Fall zu Fall genutzt werden. Es gibt auch die Möglichkeit, hierzu eine Lizenz zu erwerben und die Plattform dann in eigener Regie und Verantwortung für eigene Bedarfe zu nutzen. In aller Regel wird man sich für die fallweise Nutzung entscheiden.

Grundsätzlich sind für eine Internet-Auktion alle Hebel-Produkte geeignet (hoher Wert/viele Anbieter). Für Schlüsselprodukte kann eine Internet-Auktion geeignet sein, wenn es mehrere Anbieter gibt. Außerdem könnte die Festlegung des „Monopolisten", der bei der Erstvergabe zum Zuge kommt, mithilfe einer Internet-Auktion ermittelt werden.

Wegen des geringen Wertes ist eine Internet-Auktion für unkritische Produkte eher ungeeignet. Kommt jedoch durch Bedarfsbündelung ein interessantes Paket zustande, kann auch für diese Produkte eine Internet-Auktion interessant sein. Dies gilt zum Beispiel, wenn aus einem traditionellen Verfahren mit Bezügen bei vielen Lieferanten ein Warenhaus-Konzept mit nur einem Lieferanten werden soll. Dann ist jedoch Voraussetzung, dass der Prozess vorher für alle Anbieter gleich bzw. vergleichbar gestaltet sein muss.

14.3.2 Ablauf einer Internet-Auktion

Beschreibung eines Auktionsgegenstands

Gegenstand:	Edelstahlblech, kaltgewalzt 3 x 1250 x 2500 mm
Auftragsvolumen:	120 Tonnen
ca. Auftragswert:	250 k€
Werkstoff:	X5 CrNi 18 10 (1.4301)
Norm:	DIN 17441 – Nichtrostende Stähle- Technische Lieferbedingungen für kaltgewalzte Bänder und Spaltbänder sowie daraus geschnittene Bleche
Kantenausführung:	geschnittene Kanten
Anlieferung:	auf Quer- und Längshölzern, maschinell gerichtet mit Papierzwischenlagen, Kantenschutz, Pappabdeckung, gebändert, max. Palettengewicht 2,5 to, max. Blechstapelhöhe 200 mm
Verarbeitungshinweis:	Material wird mit Laser geschnitten (CO_2 - Laser)
Bemusterung:	soweit noch keine Prägequalifikation gegeben ist, ist der Nachweis zu führen, daß das Material mit der oben angegebenen Technik störungsfrei verarbeitbar ist
Lieferzeitraum:	1. Oktober bis 31. Dezember 2002
Losgröße:	10 Tonnen
Lieferzeit:	10 Arbeitstage
Legierungszuschlag:	Preis ohne Legierungszuschlag
Zahlungsbedingungen:	30 netto nach Lieferung und Rechnungseingang
Preisstellung:	frei unserem Werk, einschließlich Verpackung

Abbildung 53

Im Grunde beginnt der Prozess einer Auktion mit der Entscheidung, welche Lieferungen bzw. Leistungen mithilfe einer Internet-Auktion vergeben werden können und sollen. Der Prozess ist abgeschlossen, wenn der Liefervertrag „in trockenen Tüchern" ist und das Ergebnis der Auktion berichtet wurde. Im Einzelnen vollzieht sich die Internet-Auktion in folgenden Schritten:

→ Spezifikation des Bedarfes (siehe Abbildung 53)

  → Der Bedarf ist mit allen technischen Einzelheiten zu beschreiben. Nachträgliche Wünsche (Sonderverpackung, Kennzeichnung usw.) können Probleme bereiten.

  → Da eine Nachverhandlung im klassischen Sinne nicht mehr stattfindet, müssen auch die kommerziellen Einzelheiten (z. B. Zahlungsbedingungen, Preisstellung usw.) eindeutig beschrieben sein.

  → Soweit eine Präqualifizierung vorgesehen ist, muss auch dies Gegenstand der Beschreibung sein.

→ Auswahl der infrage kommenden Lieferanten

  → Bekannte Lieferanten werden gelistet

  → Bisher unbekannte Lieferanten werden ermittelt. Dabei kann der Auktionator Hilfestellung geben.

→ Versand der Ausschreibung

  → Diese Ausschreibung kann mit allen Unterlagen auf die Plattform eingestellt werden. Nur zugelassene Personen haben Einsicht. Anhänge (Zeichnungen, Liefer- und Prüfanweisungen, Werksnormen usw.) können angehangen werden.

  → Die Ausschreibung kann konventionell verschickt werden, wenn dies gewünscht wird.

→ Festlegen der Spielregeln (siehe Abbildung 54)

  → Rechtlicher Rahmen sind die von allen Teilnehmern zu akzeptierenden Geschäftsbedingen des Auktionators.

  → Weiterhin sind folgende Variablen festzulegen

Zielpreis	anspruchsvoller, aber realistischer Wert, ab dem die Auktion gültig wird
Maximal-Gebot	Höchstes Gebot, mit dem ein Bieter „einsteigen" kann, verhindert unrealistische Gebote
Start und Ende der Auktion	Tag, Uhrzeit
Verlängerung	Die Aktion kann automatisch verlängert werden, wenn der Zielpreis nicht erreicht wurde (einmalig), und nach dem jeweils letzten Gebot. (empfehlenswert!)
Rückmeldefrist	Bis zu diesem Termin müssen die Bieter erklären, dass sie an der Auktion teilnehmen werden.
Inkrement	Mindestabstand zwischen zwei eigenen Geboten
Zuschlagsverfahren	Es ist (vorher) zu bestimmen, ob der günstigste Bieter automatisch den Zuschlag erhält oder der Kunde sich die Auswahl zwischen einer bestimmten Anzahl der günstigsten Bieter vorbehält.

„Spielregeln" für eine Auktion

Zielpreis	250.000
Maximalgebot	275.000
Sichtbarkeit	private (nicht öffentlich)
Codierung	Bietercode ist (für alle) sichtbar
Start Zeitpunkt	17.08.2002
Startzeit	11.00 Uhr
Rückmeldefristende (Lieferant)	15.08.2002
Verlängerung	jeweils 5 Minuten
Inkrement	500 €
Währung	Euro (€)
End Datum	17.08.2002
geplante Endzeit	12.00 Uhr
Zuschlag	manuell an die letzten 3 Bieter

Abbildung 54

→ Abschließende Auswahl und Freigabe der Bieter durch den Kunden.

→ Nur der Kunde hat das Recht, Bieter freizugeben oder auszuschließen.

→ Nur ausdrücklich freigegebene Bieter können an der Auktion teilnehmen.

→ Auktionsdurchführung

→ Die Auktion läuft unter der alleinigen Regie des Auktionators ab.

→ Bieter können nur eigene Gebote abgeben.

→ Der Kunde kann der Auktion folgen, aber nicht eingreifen.

→ Nachbereitung

→ Die Auktion ist gültig, wenn der Zielpreis erreicht wurde.

→ Formale Bestellung an den Gewinner. Dieser ist gegebenenfalls unter den besten Bietern auszuwählen.

→ Information an die „Verlierer".

→ Reporting über das Ergebnis

Abbildung 55 zeigt einen Auktionsverlauf einer konkreten Internet-Auktion.

Internet-Seite einer konkreten Internet-Auktion

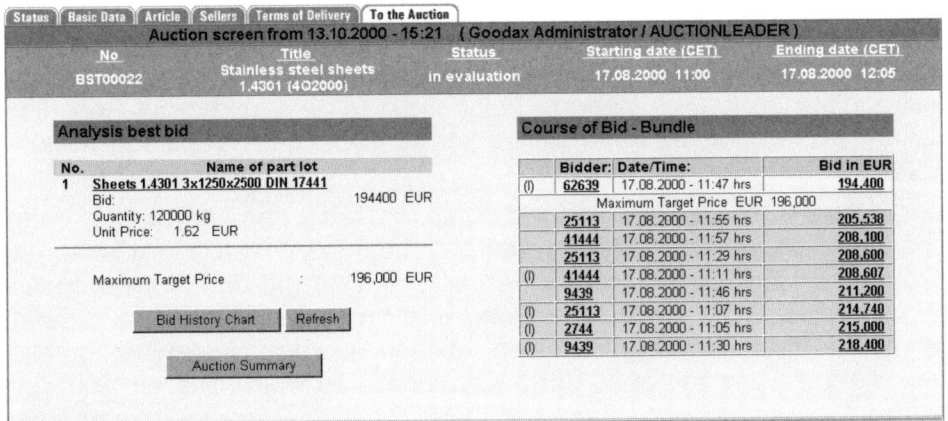

Abbildung 55

14.3.3 Controlling für Internet-Auktionen

Mit Internet-Auktionen kann ein einzelner Nachfrager sicher nicht den Beschaffungsmarkt verändern, ganz sicher aber seine Positionierung im Markt. Vermutlich ist die Internet-Auktion das Werkzeug, das zur größtmöglichen Transparenz und zum entsprechenden Wettbewerb unter den Bietern führt. Dennoch darf auch dieses neue Werkzeug nicht Selbstzweck sein. Kosten und Nutzen müssen in einer angemessenen Relation stehen. Bei den Kosten sind folgende Aspekte zu betrachten:

→ Kosten für den Auktionator
   → Grundgebühr
   → Provision

Bei der Provision handelt es sich um einen sehr niedrigen Prozentsatz bezogen auf das niedrigste abgegebene Gebot. Meist lässt sich diese mit der Grundgebühr verrechnen.

→ eigene Kosten
   → Schaffen der Infrastruktur
      → PC
      → Internet-Anschluss
   → Aufwand für die Vorbereitung

Die vorgenannten eigenen Kosten sind eher zu vernachlässigen. Geeignete PCs dürften in den Unternehmen in ausreichender Menge und Ausstattung zur Verfügung stehen. Gleiches sollte für den Internet-Anschluss gelten. Inzwischen ist auch dieser als notwendiges Werkzeug anzusehen.

Der Aufwand für die Vorbereitung entspricht etwa dem, der auch für eine konventionelle Anfrage/Bestellerteilung betrieben werden müsste. Die Ergebnisse (Erfolge) einer Internet-Auktion sind mit den Aufwendungen zu vergleichen. Die einfachste Brutto-Ergebnisrechung ist es, den mittels Internet-Auktion erzielten Preisen, die bisherigen gegenüberzustellen und die Differenz mit dem Vergabevolumen zu multiplizieren. Bei stark schwankenden oder sich gerade deutlich verändernden Marktpreisen kann diese Art der Erfolgsmessung jedoch zu Fehlinterpretationen führen. In diesem Fall empfiehlt es sich, Vergleichspreise aus anderen Quellen heranzuziehen. Dies können zum Beispiel das Verhandlungsergebnis (ohne Abschluss) vor Durchführung der Auktion oder ein Vergleichspreis aus einem anderen Markt sein, der sich üblicherweise adäquat verhält. Dieser methodische Ansatz ist jedoch nur zulässig, um den Erfolg einer Internet-Auktion zu bewerten. Die Regeln für die Messung und das Controlling von Einsparungen bleiben davon unberührt.

Beispiele für Erfolgsmessungen nach diesen beiden Möglichkeiten sind in Abbildung 56 dargestellt.

Erfolgsrechnung Internet-Auktion
Vergangenheitsbezogener Vergleich

Vergangenheitsbezogener Vergleich

mechanische Bauteile		
derzeitiger Preis	140.000	Euro/Quartal
Auktionsresultat	108.000	Euro/Quartal
Brutto-Einsparung	-32.000	Euro/Jahr
Auktionshonorar	1.620	Euro
Netto-Einsparung	-30.380	Euro

Spiegelung an Vergleichswert

Edelstahlbleche		
derzeitiger Preis	235.000	Euro/Quartal
Vergleichspreis Norwegen	260.000	Euro/Quartal
Auktionsresultat	243.000	Euro/Quartal
Brutto-Einsparung	-17.000	Euro/Jahr
Auktionshonorar	3.645	Euro
Netto-Einsparung	-13.355	Euro

Abbildung 56

Die vorgestellten Chancen und Möglichkeiten einer Internet-Auktion sollten eigentlich ausreichen, um eine Flut von Auktionen auszulösen. Um dies aber wirklich sicherzustellen, ist ein angemessenes Controlling angeraten. Vielleicht wird es einen „Spezialisten" geben, der das Werkzeug betreut und die Kollegen entsprechend anleitet. Dennoch ist es sinnvoll, jeden einzelnen strategischen Einkäufer mit eigenen Zielen einzubinden. Daher ist das Potenzial in jeder einzelnen Einkaufsgruppe aufgrund der zugeordneten Materialgruppen und deren Struktur einzuschätzen, und zwar

→   Anzahl Internet-Auktionen
→   betroffenes Einkaufsvolumen

Das gemeinsam ermittelte Potenzial bildet die Grundlage für die Zielvereinbarung. Ein Grund, warum Potenzial und Zielvereinbarung nicht identisch sind, kann in Form von laufenden Rahmenvereinbarungen bestehen. Selbst wenn das dadurch gebundene Potenzial umgehend einbezogen werden soll, wären zumindest Kündigungsfristen einzuhalten. Ausschlaggebend für die Messung der Zielerreichung sind durchgeführte Internet-Auktionen.

Das Ergebnis der Auktionen ist separat zu erfassen. Es sollte nicht Gegenstand einer Zielvereinbarung auf Mitarbeiterebene sein. Ein vierteiljährliches Controlling sollte ausreichend sein. Allerdings sind insbesondere negative Abweichungen sehr genau zu hinterfragen. Eingetretener Zeitverzug ist häufig nicht wieder aufzuholen.

Ein Beispiel für das vorbeschriebene Controlling ist in Abbildung 57 als Tabelle dargestellt.

154

Controlling Internet-Auktionen

Mitarbeiter/ Einkaufsgruppe	Ausgangsbasis		Zielvereinbarung		aktueller Stand		Abweichung	
	Lieferanten	Vol. €	Lieferanten	Vol. €	Lieferanten	Vol. €	Lieferanten	Vol. €
H. Gross	3	750.000	2	562.500			-2	-562.500
F. Klein	2	200.000	1	100.000			-1	-100.000
S. Kurz	8	450.000	6	337.500			-6	-337.500
P. Lange	4	400.000	4	400.000			-4	-400.000
A. Adam	2	150.000	2	112.500			-2	-112.500
Z. Huber	1	50.000	1	37.500			-1	-37.500
M. Müller	0	0	0	0			0	0
Gesamt	20	2.000.000	15	1.500.000	0	0	-16	-1.550.000

Abbildung 57

155

15. Versorgungssicherheit –
Was geschieht, wenn ...

15.1 Ausfall von Lieferanten – Vorsorge muss sein

Zukunftsorientierte Unternehmen sorgen für den Fall der Betriebsunterbrechung vor. Die Vorsorge gilt zum Beispiel dem Ausbruch eines großen Feuers, das die gesamte oder zumindest große und wichtige Teile der Fertigung nachhaltig zerstört und somit für längere Zeit unbenutzbar macht. Was muss geschehen, damit die Lieferfähigkeit möglichst rasch wieder gegeben ist? Kunden haben meist Verständnis für eine unverschuldete Notsituation, aber nur begrenzte Zeit.

Dem Ausfall der eigenen Fertigung gleichgestellt ist der Zusammenbruch der Versorgung. Dies klingt pathetisch, kann jedoch relativ leicht geschehen. In manchen Unternehmen muss nur der „richtige" Lieferant ausfallen. Und dann ...

Die Sicherstellung der Versorgung des Unternehmens mit allen benötigten Lieferungen und Leistungen ist ein hohes Ziel des Einkaufs. Viele andere Ziele sind diesem nachgeordnet. In der traditionellen Denkweise, wurde deshalb „Single Sourcing" abgelehnt. Es galt, möglichst viele Lieferanten für das gleiche Material zu haben. Im Bereich der Schlüsselprodukte ließ sich diese Philosophie jedoch noch nie so richtig in die Praxis umsetzen. Die Philosophie ist nun einmal das eine; die Realisierbarkeit kann leider etwas ganz anderes sein. Gerade dort, wo das Unternehmen am empfindlichsten zu treffen ist, kann „Multiple Sourcing" nicht realisiert werden. Selbst große Nachfrager wie die Automobilindustrie stoßen hier mitunter an ihre Grenzen, an die Grenzen des Finanzierbaren.

Dort wo es austauschbare Lieferanten gibt, sind diese oft vor dem Hintergrund der Versorgungssicherheit nicht einmal notwendig. Die Notwendigkeit von fünf Schraubenhändlern ist mit dem Schlagwort „Versorgungssicherheit" kaum zu begründen. Selbst wenn es nur einen zugelassenen Schraubenhändler gäbe, wären bei dessen Ausfall kaum Versorgungsengpässe zu befürchten. Ersatz für ihn wäre sicher sofort verfügbar.

Was aber ist mit dem Lieferanten, der ein spezielles Bauteil ganz speziell für nur ein Unternehmen und mit diesem gemeinsam entwickelt hat? Da wird es sicherlich eng, wenn dieser Lieferant plötzlich lieferunfähig wird. Gründe hierfür können sein

→	Feuer, Hochwasser oder ähnliches
→	Streik oder Aussperrung
→	Insolvenz
→	Zulieferer-Ausfall

Normalerweise erwartet man von einem Lieferanten, dass er die notwendige Vorsorge trifft und im übrigen seine Probleme alleine löst. Dazu gehört sicher auch Vorsorge gegen Naturgewalten, soweit dies möglich ist. Feuerschutzmaßnahmen sollten auch selbstverständlich sein. Eine ausrechend hohe Feuerversicherung kann vielleicht den Lieferanten beruhigen; seinen Kunden hilft sie wenig. Ob ein Lieferant streikgefährdet ist, lernt man besser nicht in einem praktischen Fall. Besser man weiß dies vorher.

Vor einer Insolvenz ist niemand nachhaltig gefeit. Eine Verkettung unglücklicher Umstände kann auch ein solventes Unternehmen treffen, es ist aber nicht so anfällig wie ein weniger solides. Man muss seine Lieferanten kennen.

Lieferanten sollten zu ihren Kunden passen. Wenn der Kunde sich um seine Versorgungssicherheit sorgt, muss der Lieferant Entsprechendes für seine Unterlieferanten empfinden. Was nützt der bestausgerüstete Kunststoffverarbeiter, wenn er kein Vormaterial mehr erhält?

Das Ausfallrisiko der einzelnen Lieferanten ist differenziert zu betrachten. Dennoch muss klar sein, dass es für jeden einzelnen von ihnen eine Alternative geben muss. Diese kann unterschiedlich aussehen, wie zum Beispiel

→	Problemloser Austausch gegen Alternativ-Lieferant (welchen?)
→	Lieferant hat Notfall-Konzept, das Weiterführung sichert, z. B. im Zweigbetrieb.
→	Werkzeuge gleichartiger Lieferanten (z. B. Kunststoffverarbeiter) können im Notfall verlagert werden.
→	Bei Zulieferer-Ausfall wird auf eine andere Problemlösung (konstruktiv) umgestellt. Diese ist umgehend verfügbar.

Tritt der Notfall ein, gibt es sicherlich Zugeständnisse an die Kosten. Diese dürfen höher sein als im üblichen Prozess. Sie müssen aber überschaubar bleiben. Dies wird aber nur dann gelingen, wenn die Problemlösungen nicht erst gesucht werden, wenn die Probleme konkret anstehen. Die Überlegungen müssen angestellt werden, bevor die Zeit drängt.

Es lohnt sich, schon ohne besondere Not über die Versorgung für den Fall eines totalen Zulieferer-Ausfalls nachzudenken. Ein gemeinsames Konzept ist gefragt, in dem sich jeder Einkaufsmitarbeiter wiederfindet. Die spezifischen Problemlösungen müssen aber an jedem einzelnen Arbeitsplatz erarbeitet werden.

15.2 Controlling Versorgungssicherung

Es empfiehlt sich, zunächst festzulegen, in welcher Reihenfolge vorgegangen werden soll. Dazu liefert die Portfolio-Analyse die erforderlichen Einstiegsinformationen. Zunächst genießen die Schlüssellieferanten Priorität, gefolgt von den Hebellieferanten. Lieferanten für unkritische Produkte folgen. Lieferanten für Engpassmaterialien kommen zum Schluss. Für letztere ist stets eine kritische Situation gegeben, die meist auch schon (z. B. durch relativ hohe Bestände) gelöst ist.

Die Zuordnung der Lieferanten zu strategischen Einkäufern ist schon aus anderen Gründen erfolgt, liegt also schon vor. Es gilt also „nur noch"; konkrete Ziele zu vereinbaren und einem regelmäßigen Controlling zu unterziehen. Dazu werden alle Lieferanten in einer Tabelle erfasst, die folgende Informationen beinhalten sollte:

→ Lieferant
→ Einkaufsvolumen (€)
→ Materialgruppe
→ Portfolio-Klassifizierung (= Priorität)
→ Strategischer Einkäufer
→ Problemlösung
→ Realisierung (Datum)

Die Datei sollte möglichst einheitlich für alle Einkäufer aufgebaut sein und konsolidiert werden. Dies vereinfacht die Pflege und gestattet einen permanenten Überblick auf Abteilungsebene. Außerdem wird das Controlling erleichtert. Es kann zentral (im Einkauf) erfolgen.

Für Zielvereinbarung und Controlling wird zunächst das Potenzial ermittelt. Hierzu werden die Anzahl der Lieferanten ebenso wie das mit ihnen realisierte bzw. zu erwartende Einkaufsvolumen erfasst. Letzteres wird als Hilfsgröße genutzt, um den Stellenwert des einzelnen Lieferanten zu verdeutlichen. Diese Methode spiegelt zwar nur bedingt die tatsächliche Gefährdung wider, kann aber als hinreichend gelten. In gleicher Art und Weise wird die bereits erreichte Situation erfasst. Dies ist vor allem dann erforderlich, wenn dieses Ziel in den nächsten Zeitraum fortgeschrieben wird, jedoch infolge veränderter Ausgangssituation mit anderen Zieldaten versehen werden muss. Unter Berücksichtigung dieser Fakten wird auf Mitarbeiterebene ein realistisches Ziel vereinbart, das in der Summe über alle Mitarbeiter hinweg die Gesamtsituation widerspiegelt.

Für die Zielerreichung ist die eindeutige Festlegung von Notfall-Lösungen relevant. Diese kann in der Benennung des Alternativ-Lieferanten liegen. Diese Aussage muss nachvollziehbar sein. Sie muss jedoch nicht durch schriftliche Vereinbarungen dokumentiert werden. Der Hinweis auf eine andere technische Lösung hingegen, ist durch entsprechende Bestätigung (z. B. durch die Entwicklung) zu belegen. Entsprechendes gilt auch, wenn der (als ausreichend erkannte) Notfallplan des Lieferanten als Problemlösung angeführt wird. Ist ein Ringtausch von Werkzeugen zwischen verschiedenen Lieferanten die Lösung für den Notfall (einschließlich Insolvenz), so ist auch dies entsprechend zu belegen.

Welche Problemlösung für den Notfall gefunden wurde, ist für die Zielerreichung nicht relevant. Wichtig ist lediglich, dass es eine Problemlösung gibt, die einer Überprüfung standhält, also real ist. Ob zu einem späteren Zeitpunkt die Vorgehensweise präzisiert und verbessert wird, muss im jeweiligen Unternehmen entschieden werden. Zunächst einmal ist es wichtig, überhaupt eine tragfähige Lösung vorbereitet zu haben, die im Ernstfall sofort zur Verfügung steht.

Ein vierteljährliches Controlling sollte auch in diesem Fall ausreichen. Bemerkenswert ist, dass es sich um ein strategisches Ziel handelt, das zunächst nicht dringlich ist. Es könnte lediglich ohne jede Voranmeldung dringlich werden. Abweichungen, insbesondere negative Abweichungen vom vereinbarten Ziel sind nachhaltig zu diskutieren und aufzuarbeiten.

Ein Beispiel für das Controlling ist in Abbildung 58 dargestellt.

Controlling Versorgungssicherung

Mitarbeiter Einkaufsgruppe	Ausgangsbasis		Ziel-vereinbarung		Ist I/2009		Ist II/2009		Ist III/2009		Ist IV/2009		Abweichung	
	Anzahl	k€	Anzahl	k€	Anzahl	k€	Anzahl	k€	Anzahl	k€	Anzahl	k€	Anzahl	k€
H. Gross	124	651	12	260	5	1							-7	-259
F. Klein	297	1.559	30	624	3	2							-27	-622
S. Kurz	98	515	10	206	10	0							0	-206
P. Lange	219	1.150	22	460	15	1							-7	-459
A. Adam	147	772	15	309	1	1							-14	-308
Z. Huber	76	399	8	160	7	0							-1	-160
M. Müller	105	551	11	221	14	0							4	-221
Gesamt	1.066	5.597	107	2.239	55	5	0	0	0	0	0	0	-52	-2.234

Abbildung 58

16. Mitarbeiter – Menschliche Ressourcen

16.1 Die Grundaussage

Der Erfolg eines Unternehmens hängt vor allem von gut ausgebildeten und motivierten Mitarbeitern ab. Dies gilt über alle Hierarchieebenen hinweg. Es betrifft den angestellten Geschäftsführer ebenso wie die Kontoristin und den Maschinenbediener. Doch nicht immer ist die Fachkompetenz zu erkennen. Da werden Vorstandsvorsitzende mit hohen Abfindungen von ihren Ämtern entbunden und langjährige Mitarbeiter über Sozialpläne auf den Arbeitsmarkt gebracht. Ob diese alle unzureichend ausgebildet und/oder demotiviert waren? In jedem Fall kann kein Unternehmen auf Dauer ohne gut ausgebildete und motivierte Mitarbeiter auskommen. Die Art und Weise wie dieser Zustand herbeigeführt oder erhalten werden soll ist allerdings nicht immer ohne weiteres verständlich. Vielleicht mangelt es an manchen Stellen auch nur am hinreichend wirksamen Controlling auf diesem Gebiet.

Wer gut ausgebildete und motivierte Mitarbeiter haben möchte, die auch noch leistungsfähig und leistungsbereit sind, darf dies nicht dem Zufall überlassen. Das regelmäßige Überweisen des vereinbarten Gehalts ist zur Leistungssteigerung sicher nicht das Allheilmittel.

Zur Motivation von Mitarbeitern, zur Erhaltung und Steigerung von Leistungsbereitschaft und Leistungsfähigkeit gehört gezielter Umgang mit den Mitarbeitern, auch und nicht zuletzt mit den Mitarbeitern im Einkauf. In diesem Zusammenhang spielen Information, Weiterbildung und Entfaltungsmöglichkeiten eine ebenso große Rolle wie die direkte Einbindung in die Ziele des Unternehmens.

16.2 Mitarbeiter-Information

Nur gut informierte Mitarbeiter werden sich richtig verhalten. Nicht hinreichend informierte Mitarbeiter sind dem Zufall anheim gegeben. Aus diesem Grund sind regelmäßige Gesprächsrunden dringend erforderlich. Im Einkauf sollten diese Runden wöchentlich stattfinden und wenn immer möglich, physische Gespräche in einer Tischrunde sein. Protokoll und

Aktionsliste sorgen dafür, dass vereinbarte Aufgaben tatsächlich erledigt werden und nicht im Tagesgeschäft untergehen.

Wer führt Protokoll? Vielleicht die Abteilungssekretärin oder generell der jüngste? Davon würde sicher kein Motivationsschub ausgehen. Die Möglichkeit, die Aufzeichnungen von sich abwechselnden Mitarbeitern führen zu lassen, kann dann schon eher eine praktikable Lösung sein. Wenn stets derjenige Protokoll führt, der als letzter eintrifft, löst diese Regelung vielleicht sogar die Motivation aus, pünktlich zu sein.

In den Gesprächsrunden geht es nicht zuletzt um die Probleme des Alltags. Diese können zum Beispiel sein:

→ Information über Preisveränderungen (positiv wie negativ)

→ Veränderungen bei wichtigen Lieferanten

→ Erkenntnisse aus Lieferantenbewertung

→ Entwicklung gemeinsamer Ziele

→ Probleme in der funktionsübergreifenden Zusammenarbeit (z. B. mit der Entwicklung)

→ Situation des Unternehmens (Geschäftslage)

→ eigene organisatorische Änderungen

→ anstehende Termine mit Lieferanten

→ Abstimmung Urlaubsplanung

Die Aufzählung kann nur beispielhaft sein. Wichtig ist, dass es sich um eine offene Gesprächsrunde handelt, nicht etwa um eine „Befehlsausgabe". Kann aus räumlichen Gründen kein physisches Treffen in kurzen Abständen stattfinden, sind virtuelle Gesprächsrunden zu vereinbaren (z. B. in Form von Telefonkonferenzen). In größeren Abständen sind auf jeden Fall physische Treffen erforderlich, wenn es zu einer tragfähigen Zusammenarbeit kommen soll. Es geht um Menschen, die zusammenarbeiten sollen.

Die physischen oder virtuellen Treffen werden nur dann wirklich regelmäßig stattfinden, wenn sie stets in gleicher Weise (am gleichen Ort) zu einer bestimmten Zeit stattfinden. Außerdem müssen sie Priorität haben. Dies gilt für alle, vor allem für den Chef! Der Tag des „Einkaufs-Treffs" ist als Reisetag tabu, für parallele Besprechungen im Haus ohnehin. In besonderen Ausnahmefällen (z. B. Urlaub oder Krankheit) leitet der Stellvertreter die Runde. Sie fällt nicht aus!

So weit die Theorie! In der Praxis hat sich herausgestellt, dass es sinnvoll ist, festzuhalten, wie häufig die Einkaufsrunden tatsächlich stattgefunden haben und wer (wie viele Personen) daran teilgenommen hat. Diese „Art der Buchführung" gibt Gelegenheit zur Schwachstellenanalyse, wie zum Beispiel:

→ Warum ist die Einkaufsrunde ausgefallen?
→ Warum hat sich die durchschnittliche Anzahl der Teilnehmer verändert?

Das Ziel für den Einkaufsleiter ist klar:

→ 1 Einkaufsrunde je Woche, also 50 pro Jahr
→ Teilnehmeranzahl 44 (50 Wochen abzüglich 6 Wochen Urlaub) multipliziert mit der Anzahl Einkaufsmitarbeiter.
→ Eigene Präsenz 44 mal pro Jahr

Die Auswertung wird zeigen, wie weit Anspruch und Wirklichkeit auseinanderliegen. An der Differenz ist jedoch zu messen, wie wichtig der Einkaufstreff von allen Beteiligten genommen wird. Zum Controlling gehört die Diskussion über die Abweichungen vom Ziel. Die Einkaufsrunde, in der darüber diskutiert wird, sollte „gut besucht" sein.

16.3 Weiterbildung von Mitarbeitern

Wissen veraltet und dieser Alterungsprozess gewinnt permanent an Geschwindigkeit. Nicht zuletzt darauf ist es zurückzuführen, wenn ältere Mitarbeiter mitunter als weniger leistungsfähig angesehen werden. Doch liegt die Ursache meist nicht im Lebensalter oder in mangelnder Leistungsbereitschaft. Es ist schwieriger geworden, seinen Wissensstand stets aktuell zu halten. Eigentlich ist dies ein Unternehmensproblem, das jedoch nur zusammen mit den Mitarbeitern zu lösen ist.

Weiterbildung kann auf verschiedene Art und Weise erfolgen. Sie kann intern wie extern stattfinden. In aller Regel macht es keinen Sinn, Weiterbildungsmaßnahmen wie mit einer Gießkanne über alle Mitarbeiter auszuschütten. Es gibt zwar Maßnahmen, die für alle oder fast alle sinnvoll und geboten erscheinen. Auf der anderen Seite bedürfen aber bestimmte Mitarbeiter der besonderen Förderung. So wird der Einkäufer für Investitionen andere Weiterbildungsmaßnahmen benötigen als der für umweltrelevante Chemikalien, der Berufsanfänger andere als der „kampferprobte" ältere Kollege. Bedarf kann jedoch bei allen Mitarbeitern untergestellt und muss vor allem ermittelt werden.

In der Praxis hat sich herausgestellt, dass allgemein vorhandener Bedarf an spezifischer Weiterbildung am besten durch interne Maßnahmen gedeckt werden kann. Eine besondere Form der internen Mitarbeiter-Weiterbildung sind Maßnahmen durch eigene Mitarbeiter. Bei den zu behandelnden Themen handelt es sich meist um Problemlösungen für das Tagesgeschäft, nicht unbedingt um die hochschulgerecht dargebrachte Quadratur des Kreises. Es wird aber die Möglichkeit gegeben, Wissen zu verbreiten – zu Aller Nutzen.

Weiterbildung ist wichtig, wird aber oft nicht als dringlich angesehen. Zumindest erscheint sie oft nicht so dringlich wie die gerade anstehenden Probleme. Und davon gibt es viele; und es gibt sie häufig. Selbstcontrolling schärft hier das Gewissen. Wenn in der Budget-Phase für jeden Mitarbeiter eine bestimmte Anzahl Weiterbildungstage vorgesehen wird, lässt sich die Einhaltung dieses Ziels leicht überprüfen. Die Budgetierung kann zunächst pauschal geschehen und später detailliert werden. Mit der Begründung von Abweichungen darf es sich dann allerdings auch ein Chef nicht leicht machen!

Abbildung 59 stellt ein solches Controlling dar. In der Tabelle sind zwar die Namen der Mitarbeiter aufgeführt, dennoch richtet sich das Controlling mehr an den Vorgesetzten, der sich verantwortlich fühlen sollte, gut aus- und weitergebildete Mitarbeiter zu haben. In zweiter Linie sollten die Mitarbeiter wissen, dass sie für Weiterbildungsmaßnahmen vorgesehen sind. Diese sollten mit ihnen diskutiert sein. Schließlich handelt es sich nicht um ein Geschenk, sondern um eine Notwendigkeit. Auch der Mitarbeiter ist mit dafür verantwortlich, dass die Weiterbildungsmöglichkeiten wahrgenommen, gegebenenfalls „einfordert" werden.

Es reicht sicher aus, wenn das Controlling vierteljährlich durchgeführt wird. Es muss allerdings Ernst gemeint sein. Auf eine Unterteilung in interne und externe Maßnahmen kann beim Controlling verzichtet werden.

Controlling Mitarbeiter-Weiterbildung

(in Tagen)

Mitarbeiter	Zielvereinbarung	Ist I/2009	Ist II/2009	Ist III/2009	Ist IV/2009	Abweichung
	Tage	Tage	Tage	Tage	Tage	Tage
H. Gross	7	2				-5
F. Klein	7	1				-6
S. Kurz	7	1				-6
P. Lange	7	3				-4
A. Adam	7	4				-3
Z. Huber	7	1				-6
M. Müller	7	0				-7
Gesamt	49	12	0	0	0	-37

Abbildung 59

16.4 Messen und Ausstellungen – Schaufenster der Welt

An keinem anderen Ort können so viele neue Kontakte geknüpft und bereits existierende erneuert werden wie dies auf Messen und Ausstellungen möglich ist. Die meisten Messen und Ausstellungen dienen nicht mehr dem Ordern, sondern der Kontaktaufnahme und der Information. Gute Informationen gehören ebenso zum „Einkaufsgeschäft" wie gute Kontakte, denn Einkauf ist Informations- und Kontakt-Management.

Vor diesem Hintergrund darf die „Erlaubnis zum Messebesuch" keine Auszeichnung für besondere Verdienste sein. Sie ist eine Notwendigkeit, um die Aufgabe als Einkäufer, insbesondere als strategischer Einkäufer verantwortlich wahrnehmen zu können.

Natürlich darf diese Aussage keine Worthülse sein. Es gilt sorgfältig zu planen. Dazu gehört es, festzustellen, welche Messen und Ausstellungen infrage kommen und bei welchen die besten Effekte zu erreichen sind. Hier spielen Aufwand und Nutzen eine Rolle. Wenn die gleichen Aussteller in Singapur und in Düsseldorf oder Frankfurt ihre Produkte zeigen, muss eine aufwendige Reise nach Fernost sicher nicht sein, zumindest nicht aus diesem Anlass.

Die Frage, wer welche Messe bzw. Ausstellung besucht, wird am besten während der Budget-Phase entschieden. Schließlich müssen die Kosten in Form von Reisekosten budgetiert werden. Ist dies unterblieben, kann es schwierig mit der Planung und vor allem der Realisierung werden.

Das Controlling kann in entsprechender Art und Weise vorgenommen werden wie dies zur Weiterbildung (Abbildung 60) beschrieben wurde. Allerdings wird hier mit konkreten und nicht nur mit pauschal eingesetzten Tageswerten gearbeitet werden müssen. Die Anzahl Tage ist lediglich eine unkomplizierte Hilfsgröße, mit der die Zielerreichung einfach gemessen werden kann. Für das Controlling sind die einzelnen Mitarbeiter (jeder für sich) wie auch der Einkaufsleiter (für die Gesamtheit) verantwortlich. Ein vierteljährliches Controlling sollte ausreichen. Das Problem ist allerdings, dass Messen und Ausstellungen nicht mehrmals im Jahr wiederholt werden. Versäumtes ist kaum nachzuholen! Es bleibt dann nur der Vorsatz, es künftig besser zu machen.

16.5 Besuche bei Lieferanten – Information vor Ort

Jeder strategische Einkäufer sollte zumindest seine wichtigsten Lieferanten kennen. Zum „Kennen" gehören nicht nur theoretische Kenntnisse aus Angeboten, Lieferanten-Broschüren und Informationen von Vertretern. Zumindest Schlüssellieferanten sind regelmäßig zu besuchen. Nur so ist ein wirklich verlässlicher Eindruck über dessen Potenzial zu erlangen. Kein Prospekt, kein Video, nicht einmal ein Internet-Auftritt oder eine Kreditauskunft wiegen die Eindrücke auf, die bei einem Besuch vor Ort gewonnen werden können. Die Summe der gewonnenen Informationen gewährt nach ihrer Auswertung einen hinreichenden Überblick.

Besuche sind aufwendig. Sie kosten Zeit und Geld. Auf der anderen Seite bedarf jede Kunden-Lieferanten-Beziehung der Pflege. Dazu gehört auch das Gespräch. Kein noch so modernes Kommunikationsmittel kann ein Gespräch „Auge in Auge" wirklich gleichwertig ersetzen.

Nun wird es nicht möglich sein, wirklich alle Lieferanten regelmäßig zu besuchen. Das ist auch nicht notwendig. Wer hingegen seine Schlüssellieferanten nur aus der Ferne kennt, handelt sträflich. Vielmehr müssen ein Erstbesuch vor der Aufnahme des Geschäfts und regelmäßige Besuche während der Dauer der Geschäftsverbindung Standard sein. Grundsätzlich sollte ein Besuch jährlich ausreichen. In langfristigen Verträgen ist oft ein jährliches Treffen vereinbart. Diese finden in der Regel wechselseitig am Sitz des Lieferanten und am eigenen Firmensitz statt.

Die Einführung von Händler-Konzepten, Warenhaus-Konzepten und ähnliche Maßnahmen bedeuten deutliche Veränderungen in der Zusammenarbeit. Denn ein Händler, der im Sinne von Single Sourcing unkritische Produkte liefert, wird zu einem bedeutenden Lieferanten. Auch hier gilt es, rechtzeitig einen Besuch vor Ort zu planen und sich ein Bild über die tatsächlichen Gegebenheiten zu machen.

Reisen sind teuer aber noch kostspieliger kann es werden, wenn sie unterbleiben. Wer aber ist „der Richtige", wenn es darum geht, Eindrücke zu gewinnen? Vielleicht ist es zweckmäßig, dass ein Techniker aus der Entwicklung oder dem Qualitätsmanagement mitreist. Die Verantwortung für den Lieferanten trägt jedoch stets der Einkäufer. Ihn von einer Reise zum Lieferanten auszuschließen, muss daher unzulässig sein.

Im Rahmen von Global Sourcing-Aktivitäten steigt der Aufwand für Reisen nahezu dramatisch. Auf der anderen Seite muss klar sein, dass Global Sourcing in aller Regel betrieben wird, um Materialkosten zu senken. Günstige Einkaufsmöglichkeiten werden erschlossen. Dass hierbei die Gesamtkosten zu betrachten sind und nicht nur der Preis, sollte selbstverständlich sein. Zu den Gesamtkosten zählen aber nicht nur der Aufwand für den Transport, sondern auch der für die Kommunikation und für die Lieferantenpflege. Es ist somit kaum vorstellbar, dass Global Sourcing Ausgangsbasis für Einsparung von Reisekosten sein könnte.

Besuche bei Lieferanten haben erheblichen Anteil an der Sammlung von Erfahrungen. Es werden zum Beispiel Eindrücke über Fertigungs- und Organisations-Methoden bei Lieferanten gewonnen. Dadurch eröffnen sich sowohl Vergleichsmöglichkeiten mit dessen Wettbewerbern als auch mit der eigenen Struktur. „Wissenstransfer" von einem zum anderen Lieferanten sollte jedoch unterbleiben. Dies würde einen Vertrauensmissbrauch bedeuten, der sicher nicht ohne Folgen für die weitere partnerschaftliche Zusammenarbeit bliebe.

Reisen können ungeplant notwendig werden. Es sind aber auch routinemäßig Reisen zu planen, für die es keinen dringenden Anlass gibt. Der regelmäßige Besuch bei einem wichtigen Lieferanten muss Grund genug sein. Planung dieser Reisen schafft Raum für die Optimierung.

Es ist zu empfehlen, Reisen zu Lieferanten so gut wie möglich vorzubereiten. Dies kann anhand einer Checkliste geschehen, die unter anderem folgende Hinweise enthalten kann:

→ Mit wem beim Lieferanten ist der Besuch vereinbart bzw. abgestimmt?

→ Wer ist der bzw. sind die Gesprächspartner beim Lieferanten?

➔ Erfolgt die Reise allein oder mit Fachkollegen?

➔ Was sind die Themen?

➔ Was soll erreicht werden?

➔ Was soll bei dem Besuch festgestellt werden?

➔ Worauf ist besonders zu achten?

Geplante wie voraussichtlich notwendig werdende ungeplante Reisen zu Lieferanten sind bei der Budgetierung zu berücksichtigen. Reisen zu Lieferanten sind ähnlich wie Messebesuche keine Vergünstigung. Sie gehören zum Aufgabenbereich des Einkäufers und dürfen nicht vernachlässigt werden. Somit ist auch in diesem Fall ein Controlling angebracht. Auf Basis der Gesamtzahl der den Einkäufern zugeordneten Lieferanten ist eine Zielvereinbarung zu treffen, die einem vierteljährlichen Controlling unterliegt. Es ist ratsam, darauf zu achten, dass die zur Zielerreichung notwendigen Reisen (Ist) gleichmäßig auf die einzelnen Quartale verteilt sind. Versäumnisse in den ersten beiden Quartalen sind im zweiten Halbjahr (zusätzlich zu den für diesen Zeitraum geplanten Reisen) kaum noch aufzuholen. Neben der Anzahl besuchter Lieferanten kann auch die Anzahl Reisetage gezählt werden. Im Rahmen des Controlling sind die Gründe für Über- sowie Unterschreitungen zu hinterfragen. Es gilt festzustellen, ob der Zielfindungsprozess oder das Verhalten des Mitarbeiters zu verbessern ist.

Ein Beispiel für ein derartiges Controlling ist in Abbildung 60 dargestellt.

Controlling Lieferantenbesuche

Mitarbeiter Einkaufsgruppe	Ausgangsbasis Anzahl Lft.	Zielvereinbarung		Ist I/2009		Ist II/2009		Ist III/2009		Ist IV/2009		Abweichung	
		Anzahl	R.-Tage	Anzahl	R.-Tage	Anz.	R.-Tage	Anz.	R.-Tage	Anz.	R.-Tage	Anzahl	R.-Tage
H. Gross	124	12	17	4	6							-8	-11
F. Klein	297	30	42	3	5							-27	-37
S. Kurz	98	10	14	2	4							-7	-10
P. Lange	219	22	28	6	8							-16	-20
A. Adam	147	15	21	4	6							-11	-15
Z. Huber	76	8	9	1	1							-7	-8
M. Müller	105	11	15	0	0							-11	-15
Gesamt	1.066	107	145	20	29	0	0	0	0	0	0	-86	-116

Abbildung 60

17. Einkauf im Projekt – Back to Back

17.1 Die Besonderheiten im Projektgeschäft

In den meisten Unternehmen kommen Materialien und Leistungen in gleicher Art und Beschaffenheit immer wieder vor. Bei Projekten ist dies nur bedingt der Fall. Während in „normalen" Unternehmen der Einkauf von Materialien durchweg anonym verläuft, ist im Projektgeschäft stets der Kundenauftrag das Maß aller Dinge. Dies führt zu spezifischen Eigenarten, die im folgenden beschrieben sind.

17.2 Preisvergleich bei „unterschiedlichen" Komponenten

Unterschiedliche Projekte führen zu entsprechend unterschiedlicher Ausprägung von Komponenten. So werden beispielsweise selten identische Leistungstransformatoren in unterschiedlichen Projekten benötigt. Sie unterscheiden sich nicht zuletzt in ihrer Leistung. Es hat sich gezeigt, dass gerade die Nennleistung ein Indiz für die Preisbeurteilung ist. Der Preis für jeden Transformator mag unterschiedlich sein, über den Durchschnittspreis je kVA ist er zu beurteilen. Durch diese bzw. entsprechende Hilfsgrößen ist auch im Projekt ein Controlling möglich.

Bei der Abrechnung von Projekten wird häufig eine „Kostensammlung" betrieben. Vorliegende Rechnungen und interne Abrechnungen werden erfasst, möglicherweise auch noch laufende Bestellungen. Die Einkaufsleistung ist auf dieser Basis nur bedingt zu messen. Ein Controlling dieser Leistung ist während der Laufzeit eines Projektes kaum möglich. Erst nach Abschluss können Erfolg oder Misserfolg begutachtet werden, um daraus Lehren für die Zukunft zu ziehen.

Abbildung 61 zeigt beispielhaft auf, wie ein mitlaufendes Controlling möglich ist. Dazu werden die Komponenten mit den für das Angebot zum Kunden unterstellten Werten als Plankosten eingetragen. Nach getroffener Vereinbarung (Bestellung) wird der Wert korrigiert. Sollten sich bis zur Abrechnung weitere Änderungen ergeben, sind auch diese zu erfassen. Die jeweils aktuelle Information wird in den Forecast übernommen. Durch die gewählte Darstellung ist stets ein Überblick über die gegenwärtige Situation gegeben. Darüber hinaus kann mit dem zuständigen

Einkäufer eine Zielvereinbarung getroffen werden, die den Plankosten oder einem hieraus abgeleiteten Wert entspricht.

Preiscontrolling im Anlagengeschäft

Gegenstand	Plankosten	vereinbart	abgerechnet	Forecast
Generator	1500	1300		1300
Schaltanlage	450	420	430	430
Gebäude	1830	1600		1650
Freileitung	560			560
Transformatoren	780	660		780
Planungsleistungen	220	210		220
Gesamt	5340		430	4940
Delta				+ 400

Abbildung 61

17.3 Lieferanten- und Kundenkonditionen

In Veröffentlichungen werden Lieferanten häufig als Partner dargestellt. Sie wollen es vielfach auch sein. Das ist nicht zuletzt dann der Fall, wenn Partnerschaft Vorteile verspricht. Beim Projektgeschäft sind nach wie vor häufig die Bestellungen an die Lieferanten mit anderen Konditionen versehen als diese der Kundenauftrag für das Unternehmen vorsieht. Dieser Umstand kann zur Folge haben, dass die Gewährleistungsfrist für eine Komponente bereits abgelaufen ist, bevor diese für das Gesamtprojekt beginnt. Das Unternehmen sitzt dann im Gewährleistungsfall „zwischen den Stühlen". Beide haben Recht, der Kunde, der die Gewährleistungsansprüche geltend macht, aber auch der Lieferant, der auf die Verjährung hinweist. Leider ist dieses Szenario keine rein theoretische Konstruktion, sondern Tagesgeschäft. Meist kommt es zwischen Lieferant und Unternehmen zu einem Vergleich. Ein Teil der Beanstandungskosten kann möglicherweise auf folgende Geschäfte weitergegeben werden. Der Rest bleibt beim Unternehmen. Das ist keine Problemlösung, sondern nur Schadensminimierung. Die auslösende Ursache liegt weiter zurück.

Konditionen aus Kundenaufträgen sind nach Möglichkeit „durchzustellen". Besonders für größere und werterhebliche Komponenten ist dies von Bedeutung. Es können sowohl Lieferungen als auch Montageleistungen betroffen sein. Allerdings wird es nicht immer möglich und sinnvoll sein, die kompletten Auftragskonditionen auf Lieferanten zu übertragen. Die wesentlichen Elemente wie zum Beispiel die Gewährleistungsbedingungen und vielleicht auch Bedingungen zum Gefahrenübergang und zur Zahlung dürfen kein Tabu sein. Je größer der Zukauf-Anteil ist, desto wichtiger sind derartige Regelungen. Man kämpft „Rücken an Rücken", wenn man „Back to Back"-Geschäfte macht.

Zuständig für das „Durchstellen" ist der jeweilige Projekt-Einkäufer. Mit diesem ist eine entsprechende Zielvereinbarung zu treffen. Eine Differenzierung, wie groß der Anteil durchgestellten Konditionen sein sollte, kann dabei kaum erfolgen. Dass zumindest einige Elemente der Kundenkonditionen durchgestellt wurden, kann bereits als Indiz für die Anrechenbarkeit zur Zielerreichung anerkannt werden. Sinnvoll ist es, die vollständige Durchstellung der Gewährleistung zum Beispiel als Grundbedingung vorzugeben.

Im Einzelnen ist das gesamte Bestellvolumen eines Kundenauftrags als Basis für eine Zielvereinbarung zu nehmen. Dabei kann ein bestimmter Prozentsatz als „Durchschlupf" akzeptiert werden, sich einer Back-to-Back-Regelung entziehen. Diesem Wert wird die Summe der Bestellungen gegenüber gestellt, bei der Kundenkonditionen durchgestellt worden sind. Voraussetzung für die Anrechnung zu Zielerreichung ist die eindeutige Vereinbarung (Bestätigung durch den Lieferanten).

Steht der Gesamt-Bestellwert noch nicht fest, ist auch eine Prozentregelung möglich. In Abbildung 62 sind beide Varianten in einem Bild dargestellt. In der Praxis sollten als Zielsetzung entweder Wert oder Prozentsatz angewendet werden.

Controlling Durchstellen von Kundenkonditionen

Projekt: Siebenmeilenstein
Projekt-Einkäufer   M. Müller

Übersicht	Wert (€)	%
Gesamtauftragswert:	5.500.000	
davon durch Einkauf zu bestellen	3.500.000	
Zielvereinbarung Back-to-Back	2.800.000	100,0
Differenz	-1.653.000	-59,0
realisierte Back-to-Back-Vereinbarungen	1.147.000	41,0

realisierte Back-to-Back-Vereinbarungen	
Komponente/Lieferant	Wert (€)
Schmitz & Co.	250.000
Müller & Sohn	120.000
Huber GmbH	327.000
Piefke AG	450.000
Gesamt	1.147.000

Abbildung 62

172

18. Risiko-Management

18.1 Grundsätzliche Überlegungen

Der Begriff „Risiko" ist oft negativ besetzt. Sehr oft wird er als mit „unkalkulierbarem Risiko" übersetzt. In Wirklichkeit muss man ihn jedoch als unverzichtbaren Gegenpart zur Chance verstehen. Eine Chance ohne Risiko ist kaum vorstellbar. Kein geschäftlicher Erfolg ist denkbar, wenn hierfür nicht ein Risiko eingegangen wird.

Aufgabe eines jeden Einzelnen im Geschäftsprozess ist es, die Risiken zu erkennen und sie aktiv einzugrenzen. Dies gilt insbesondere für Risiken/Chancen, die nicht zum eigentlichen Geschäftsprozess gehören. Geschäftsfremde Risiken sind zu vermeiden, selbst wenn die Chance eines Gewinns hoch eingeschätzt wird.

Wenn Banken hohe Verluste aus Termingeschäften hinnehmen müssen, ist dies tragisch. Gleiches gilt für Kreditrisiken. Grundsätzlich mag man akzeptieren, dass Geschäfte dieser Art banktypisch sind. Begrenzung und Controlling sind angezeigt. Leider ist dies für Außenstehende nicht immer erkennbar. Die weltweite Bankenkrise spricht hier eine deutliche Sprache.

Anders stellt sich die Situation im üblichen Geschäft, in der realen Wirtschaft. Deren Geschäftsmodell ist üblicherweise Produktion und Vertrieb bzw. Handel mit Gütern oder Leistungen. Auch von solchen Unternehmen gehen mitunter erstaunliche Meldungen durch die Presse, da erhebliche Verluste aus Termingeschäften mit Devisen bzw. börsennotierten Materialien eine die Existenz bedrohende Größenordnungen erreicht haben. Hierbei handelt es sich meist um Großunternehmen. – Ein kleineres Unternehmen würde einfach vom Markt verschwinden. In jedem Fall wurden hier Risiken eingegangen, die nicht zum Geschäftsmodell passen. Wie dies mit oder trotz Unternehmenscontrolling möglich war, mag dahin gestellt bleiben. Es handelt sich um Spekulation neben dem eigentlichen Geschäft.

Zu Spekulationen hat sich bereits Henry Ford geäußert. Er stellte fest, dass es ihm mit großer Mühe gelungen sei, spekulative Erfolge und Misserfolge auszugleichen. Daher habe er beschlossen, solches künftig zu unterlassen und sich auf die Produktion von Autos zu konzentrieren. – Ein weiser und erfolgreicher Mann.

Wenn im Folgenden von realen oder virtuellen Termingeschäften die Rede ist, geht es nicht um Spekulation, sondern das Gegenteil davon. Risiken, die sich aus dem Zeitunterschied zwischen dem Eingehen/Erkennen einer Verpflichtung und deren Realisierung ergeben, werden durch geeignete Maßnahmen vermieden oder zumindest begrenzt.

Gegenstand dieses Risiko-Managements können Geld (Währung) oder Material sein. Auf beide Varianten wird im Folgenden eingegangen.

18.2 Währungs-Hedging

Weltweit existieren eine Reihe unterschiedlicher Währungen, deren Wert unter einander nicht fixiert ist. Der Wert der einzelnen Währungen schwankt. Dies wird deutlich, wenn man sich die Relation zwischen Euro und US$ im Jahresverlauf 2008 ansieht. Innerhalb eines Jahres hat sich aus einer Dollar-Schwäche eine Euro-Schwäche entwickelt. Die Gründe hierfür sollen hier nicht weiter erläutert werden, die Fakten dürften jedoch nicht ignoriert werden.

Die Globalisierung führt zu Geschäften mit Kunden und Lieferanten, die in unterschiedlichen Währungszonen beheimatet sind. Es erscheint einfach, Kursrisiken zu vermeiden, in dem Geschäfte grundsätzlich nur in eigener Währung abgeschlossen werden. Macht dies jeder, schließt sich dieses Verfahren von selbst aus. Im Zweifel, wird sich ein Lieferant das „Risiko" eines Geschäftes in einer Fremdwährung bezahlen lassen. Es ist oder wird Bestandteil der Kalkulation.

Vor diesem Hintergrund macht es Sinn, Geschäfte in der Währung des Ursprungslandes zu machen. Voraussetzung ist, dass diese frei konvertierbar, also frei handelbar ist. Ist dies nicht der Fall, wird auf eine bedeutende Währung (z. B. US$) ausgewichen.

Warum ist eine Kurssicherung von Bedeutung? Das folgende Beispiel kann hierzu Aufklärung geben:

Aus einem Angebotsvergleich geht ein amerikanischer Hersteller einer Maschine als günstigster Anbieter hervor. Die Qualität und die sonstigen Bedingungen sind in den Vergleich eingeflossen. Der Abstand zu dem zweitgünstigsten Anbieter aus dem Euro-Raum unter Total-Cost-Gesichtspunkten beträgt 15 Prozent. Die Lieferzeit beträgt 3 Monate, 2/3 der Vertragssumme sind CIF zu bezahlen, 1/3 nach Inbetriebnahme, die

2 Monate nach Eintreffen zu erwarten ist. Zum Zeitpunkt der Vereinbarung macht der Vertragswert von 800.000 US$ bei einem angenommenen Kurs von 1,60 US$ für 1,00 € einen Gegenwert von 500.000 € aus. Bei Eintreffen der Maschine hat sich die Währungsrelation auf 1,30 US$ für 1,00 US$ verändert. Wenn die Restzahlung von 1/3 zu leisten ist, gar auf 1,25 US$. Ohne Risiko-Management hätte sich das „günstige Geschäft" in sein Gegenteil verkehrt.

Wechselkusentwicklung
US$: Euro

Quelle: Reuters

Abbildung 63

Um solche Risiken auszuschließen, wird über eine Bank (Broker) eine Kurssicherung vorgenommen. Damit wird zum entsprechenden Zeitpunkt jeder gewünschte Betrag in jeder gewünschten (konvertierbaren) Währung zu einem vereinbarten Kurs zur Verfügung gestellt. Meist handelt es sich um ein virtuelles Geschäft, d.h. die Differenz zwischen vereinbartem und tatsächlichen Kurs wird ausgeglichen. Ist der Kurs höher, zahlt die Bank (der Broker), ist er niedriger, wird die Differenz zur Zahlung fällig. Damit wird der Kunde so gestellt, wie wenn er ein physisches Geschäft getätigt hätte.

Mit diesem Vorgehen ist vom ersten Tag an transparent, wie der zu zahlende Betrag sich in eigener Währung darstellt. Damit wird ein zufälliger Verlust, der auf Währungsschwankung zurückgeht, vermieden. Gleiches gilt aber auch für einen zufälligen Vorteil. Währungssicherung ist keine zusätzliche Gewinnquelle. Sie muss vielmehr als eine Art „Versicherung" angesehen werden. Der Preis für das Vermeiden des Kursrisikos ist vor allem der Verzicht auf eine mögliche Chance.

Betroffene sehen das Sichern von Währungen oft als lästig an und versuchen diese durch die Vereinbarung der eigenen Landeswährung zum umgehen. Dies gilt auch für größere Unternehmen. Wie ausgeführt, geschieht dies sicher nicht ohne Gegenleistung. Es sind daher klare Regeln erforderlich, wie zu verfahren ist. Hierbei dürfen Wertgrenzen nicht vergessen werden. Schließlich geht es um Risikovermeidung und nicht um ein Arbeitsbeschaffungprogramm. Nicht zuletzt in der Übergangszeit ist die Einhaltung der Regeln zu überwachen. Abgeschlossene Vereinbarungen können nicht von einem Tag auf den anderen umgestellt werden. Schließlich handelt es sich um zweiseitige Verträge. Vertragsänderungen sind erforderlich. Ein Controlling erscheint angemessen, wenn Überblick gewonnen und behalten werden soll.

Eine Besonderheit stellen Bezüge über Händler oder Vertretungen dar. Diese sitzen häufig im Land des Kunden und berechnen auch in dessen Landeswährung. Es ist zu überlegen, ob dies hingenommen werden kann.

Die folgende Abbildung zeigt eine Möglichkeit für ein Controlling auf. Dazu werden die ausgeschlossenen bzw. zu schließenden Vereinbarungen resultierenden Zahlungen aus Lieferungen und Leistungen aus dem Ausland erfasst und neben der eigenen Währung (im Beispiel €) auch die in den Währungen der Länder, in denen die Rechnung gelegt wird. Länder der Eurozone sind hierbei wie Inland zu behandeln, werden also nicht erfasst.

Dazu werden die zu erwartenden Rechnungswerte für einen Planungs-zeitraum ermittelt und dokumentiert. Es ist dringend erforderlich, diese den Verantwortlichen eindeutig zuzuordnen. Ein solches Controlling ver-schafft Überblick, in wie weit „Hedging" über Lieferanten vorgenommen wird und in welchen Fällen jede Kurssicherung unterbleibt. Mit Hilfe von individuellen Zielen und deren Controlling kann eine nachhaltige Verbes-serung herbeigeführt werden. Aktuelle Daten sind leicht aus den vorhan-denen EDV-Systemen zu generieren.

Controlling Währungssicherung

| Mitarbeiter Einkausgruppe | Lieferant | Land | Wert in € | Vertragswert | | | | | Hedging |
				€	USD	£	¥	andere	
H. Gross	Smith & Co.	USA	1.500.000	1.500.000					
	Automation Ltd.	GB	230.000			230.000			230.000
	Xian Cera-mic Corp.	CN	740.000		740.000				
	Samurai Ltd.	JN	420.000	420.000					
A. Adam	Machines Maker	JN	740.000				740.000		740.000
	Nippon Ceramic	JN	180.000	180.000					
Gesamt			3.810.000	2.100.000	740.000	230.000	740.000	0	970.000

Abbildung 64

18.3 Rohmaterial-Hedging

Rohmaterialien wie Kupfer weisen eine hohe Volatilität aus. Sie sind starken Preisschwankungen unterworfen. Meist handelt es sich um bör-sennotierte Materialien. Die Preisentwicklung trifft daher eigentlich alle

Verwender gleich. Dies ist aber einschwacher Trost, wenn es einen deutlichen Unterschied gibt zwischen der Vereinbarung mit dem Kunden und dem Lieferanten. Das ist als sehr häufig gegebener Umstand anzusehen. Während mit Kunden ein fester Preis (z.B. für eine Maschine) vereinbart wird, gilt dem Lieferanten gegenüber ein gleitender Preis, der nach einem bestimmten Verfahren dem tatsächlich geltenden Rohmaterialpreis angepasst wird. Dieser – vielleicht beklagenswerte Umstand – wird kaum zu vermeiden sein.

Steigt der Kupferpreis an der Börse, wirkt sich dies negativ auf das Ergebnis aus, steigt er, ergeben sich zufällige Vorteile. Beides ist durch geeignete Maßnahmen auszuschließen. Zufällige Ergebnisverschlechterungen sind in jedem Fall auszuschließen und zufällige Ergebnisverbesserungen können eigentlich auch nicht im Interesse des Unternehmens sein.

Gerade die Kursentwicklung der letzten Jahre war angetan, Kopfschmerzen zu verursachen. Wenn gleich auf Termin zu kaufendes Kupfer günstiger war als promptes, so wurde diese Voraussicht durch die tatsächliche Entwicklung immer wieder ins Gegenteil verkehrt. Die folgende Abbildung zeigt die Entwicklung ausgewählter Rohstoffe (Kupfer, Aluminium, Rohöl) auf.

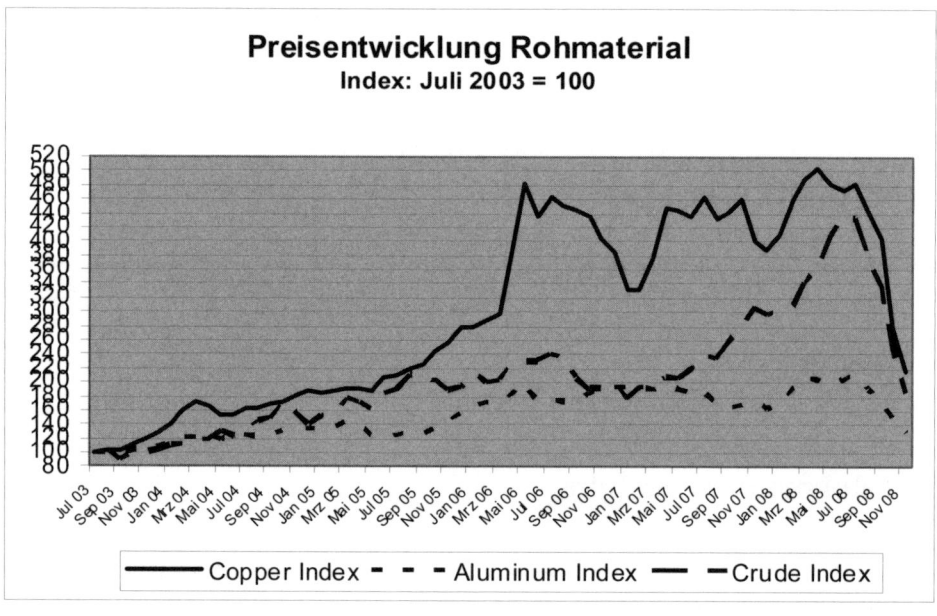

Abbildung 65

178

In vielen Geschäftsmodellen kann die Rohmaterialpreisentwicklung über den Fortbestand des Unternehmens entscheiden. Unterlassenes oder falsches Risiko-Management kann zum Ruin führen. Es darf sich daher nicht die Frage stellen, ob ein Risiko-Management erforderlich ist, sondern nur wie ein solches Risiko-Management aussehen kann.

Die Vorgehensweise wird stets vom jeweiligen Geschäft abhängen. Ein Anlagenbauer wird in aller Regel lange Vorlaufzeiten haben, die ein projektbezogenes Vorgehen erlauben. Die Rohmaterialpreissicherung erfolgt im direkten Bezug zum Projekt.

Anders wird es sich bei einem Produzenten von Serienbauteilen handeln, die kurzfristig zu liefern sind, aber zu längerfristig fest vereinbarten Preisen. Um hier Risiken zu vermeiden, kann wohl nur auf Basis des Budgets vorgegangen werden.

Die scheinbar einfachste Möglichkeit ist es, den Lieferanten mit ins Boot zu nehmen und feste Preise zu vereinbaren, die jede Rohmaterialpreis-Veränderung bereits beinhalten. Hierbei sind die unterschiedlichen Kurse für Termingeschäfte zu beachten. Es ist naheliegend, dass der Lieferant versucht, die Vorteile für sich zu behalten und nur Nachteile aufzuzeigen. Es ist weiterhin davon auszugehen, dass der Lieferant sich dieses Risiko-Management bezahlen lässt. Außerdem ist in solchen Fällen sicherzustellen, dass dieser ein Risiko-Management (z.B. Terminkauf oder Hedging) tatsächlich vornimmt. Andernfalls ist das Problem nur theoretisch gelöst. Es kommt wieder, wenn der Lieferant lieferunfähig wird.

In jedem Fall wird das Problem nur verlagert. Die Gründe und Auswirkungen bleiben bestehen; die zur Verfügung stehenden Möglichkeiten am Rohmaterialmarkt auch.

Zum einen gibt es die Möglichkeit eines physischen Geschäftes. Über einen an der Börse zugelassenen Händler wird das fragliche Material (z.B. Kupfer) zu einem festen Preis zu einem bestimmten Termin gekauft. Der Preis wird unterschiedlich sein je nach Laufzeit des Vertrages. Die Form und Konditionen des Vertrages sind festgelegt und nicht verhandelbar. Das Material wird zum bestimmten Termin zum festgelegten Preis angeliefert und ist sofort bezahlbar. Es kann für die eigene Fertigung oder als Beistellung für Lieferanten bestimmt werden. Spätere Änderungen (auch bezüglich Termin und Menge) sind nicht möglich.

Ergeben sich Änderungen – z.B. der Bedarf entfällt – so bleibt die Abnahme- und Zahlungsverpflichtung dennoch bestehen. Die daraus erwachsenden finanziellen Auswirkungen müssen sicher nicht weiter beschrieben werden.

Eine andere Möglichkeit ergibt sich durch Rohmaterial-Hedging. Hierbei wird ebenfalls mit einem an der Börse zugelassenen Händler eine Vereinbarung getroffen. Diese stellt den Kunden so, dass er im Endeffekt im Falle eines höheren Kurses am Tag X einen sich selbst definierten Ausgleich erhält oder einen solchen zahlen muss. Damit wird ein gleicher Effekt erzielt wie dies bei einem Terminkauf der Fall wäre. Das Risiko bei falscher Bedarfseinschätzung auch noch „auf Material zu sitzen" – also finanzieren zu müssen, ist nicht gegeben.

Hedging ist ein komplexeres Vorgehen als ein Terminkauf. Die Vorteile sind jedoch nicht von der Hand zu weisen.

Das Risiko-Management in Bezug auf Rohmaterialhedging hat stets zwei Komponenten. Die eine ist bezogen auf das Rohmaterial, die andere auf die variablen Preisbestandteile beim Lieferanten des benötigten Materials, das die Rohmaterialien beinhaltet. Es ist sicherzustellen, dass diese harmonisiert sind bzw. werden. So muss z. B. Terminkupfer rechtzeitig an der entsprechenden Stelle verfügbar sein, und der Hedging-Effekt muss Preisunterschiede möglichst exakt zum Zeitpunkt des Wirksamwerdens durch den Lieferanten eintreffen. Die Harmonisierung betrifft die Menge ebenso wie den Termin.

Funktionsweise und Effekt des Hedging sind in der Abbildung 66 dargestellt.

Das Hedging dient also der Ergebnissicherung nicht der Ergebnisverbesserung. Letzteres müsste mit Spekulation gleichgesetzt werden. Mengen und Termine sollen weitest gehend übereinstimmen. Dies muss überwacht werden. Ein Controlling ist dringend geboten. Andernfalls ist eine Neigung zur Spekulation nicht auszuschließen, wird zumindest stets als negative Unterstellung im Raum stehen. Dies gilt es zu vermeiden.

Daher sind die entscheidenden Werte

→ Planbedarf
→ Hedging
→ Tatsächlicher Bedarf

regelmäßig zu ermitteln und nachzuhalten. Dies sollte mindestens quartalsweise, besser monatlich geschehen. Eine höhere Frequenz würde kaum zu mehr Transparenz führen. Auf der anderen Seite müssen Daten aktualisiert werden, um Bedarfsveränderungen nachzuführen und zusätzlich gesicherte Mengen zu erfassen. Wie erwähnt bleibt das Anpassen an den tatsächlichen Bedarf auf das Hedgen zusätzlicher Mengen beschränkt. Es gibt kein „Abmelden" von Bedarf. Ein entsprechender Soll-Ist-Vergleich ist auch bei Terminkäufen dringend angezeigt.

Kalkulation Hedging-Effekte

Basis Kalkulation

Bedarfszeitpunkt 30. 6. 2010
10.000 kg Cu-Profil

	€/kg	€ gesamt
Verarbeitungspreis (Lieferant)	1,25	12500
Cu-Wert (Hedging)	2,90	29000
Gesamtwert (Kalkulation)	4,15	41500

Rechnung Lieferant am 30. 6. 2010

Bedarfszeitpunkt 30. 6. 2010
10.000 kg Cu-Profil

	€/kg	€ gesamt
Verarbeitungspreis	1,25	12500
Cu-Wert (LME)	3,40	34000
Gesamtwert (Lieferantenrechnung)	4,65	46500

Wertausgleich durch Broker (30. 6. 2010)

	€/kg	€ gesamt
Hedge price	2,90	29000
LME	3,40	34000
Ausgleich	-0,50	-5000

Abschluss-Kalkulation

	€/kg	€ gesamt
Lieferantenrechnung	4,65	46500
Wertausgleich (Broker)	-0,50	-5000
Gesamtwert	4,15	41500

Der höhere LME-Kurs ist ausgelichen. Gleich würde umgekehrt bei niedrigerem LME-Kurs geschehen.

Abbildung 66

Für Hedging und Terminkauf müssen klare Regeln gegeben sein, die unabhängig von der aktuellen Kursentwicklung einzuhalten sind. Diese können zum Beispiel lauten, dass 50 Prozent des zu erwartenden Bedarfes mit 6 oder 9 Monaten Vorlauf zu sichern sind, die aktuellen 6 Monate zu 90 Prozent. Dies ist Grundlage des folgenden Beispiels.

Mengen-Controlling Hedging

Soll-Ist-Vergleich Kupfer-Hedging									Stand: 31.03.2009
Zeitraum	2009-01	2009-02	2009-03	2009-04	2009-05	2009-06	2009-07	2009-08	2009-09
Plan-Bedarf	4.750	5.500	4.000	3.900	5.400	4.000	2.500	6.000	4.900
Hedging	4.400	5.000	3.600	3.600	4.900	3.600	1.250	3.000	2.500
Ist	4.900	5.350	4.100						
Hedging - Soll	90%	90%	90%	90%	90%	90%	50%	50%	50%
Hedging - Ist	90%	93%	88%						

Abbildung 67

Weiterhin kann es interessant sein, den Effekt (positiv wie negativ) auszuweisen. Das kann und wird Diskussionen auslösen. Bei steigenden Kursen findet Hedging eher positive Resonanz. Das ändert sich, wenn die „Versicherung zur Ergebnissicherung" scheinbar Geld kostet, da die Differenzzahlung nicht durch den Broker erfolgt, sondern an diesen geleistet wird. Hedging dient nun einmal der Ergebnissicherung und nicht der Ergebnissteigerung. Für Termingeschäfte gilt inhaltlich das Gleiche.

Controlling Ergebniseinfluss Hedging

Ergebniseinfluss Kupfer-Hedging in Zeitreihe									Stand: 31.03.2009	
Zeitraum	2008	2009-01	2009-02	2009-03	2009-04	2009-05	2009-06	2009-07	2009-08	2009-09
Hedging (kg)	47.600	4.400	5.000	3.600	3.600	4.900	3.600	1.250	3.000	2.500
Hedge price (€/kg)		2,85	2,85	2,85	2,86	2,86	2,86	2,89	2,89	2,89
Hedge value (€)	247.520	12.540	14.250	10.260	10.296	14.014	10.296	3.613	8.670	7.225
Market price (€/kg)		3,75	3,62	3,40						
Market value (€)	345.800	16.500	18.100	12.240						
Effekt (€)	98.280	3.960	3.850	1.980						

Abbildung 68

183

19. Wertanalyse mit Lieferanten

19.1 Rationalisierung und Wertanalyse

Kostendruck führt viele Unternehmen zu Rationalisierungsmaßnahmen. Es werden die Fragen gestellt:

→ Wie können Kosten gesenkt werden?

→ Wie kann das Produkt kostengünstiger gestaltet werden?

→ Wie können Einzelteile kostengünstiger gestaltet werden?

In den meisten Fällen greift man mit diesen Fragestellungen zu kurz, da sich diese um das bereits vorhandene Produkt drehen. Da werden Akkordzeiten reduziert, Materialstärken verringert, Toleranzen „entfeinert" und vielleicht sogar teures Ausgangsmaterial durch billigeres ersetzt. Mit diesen Maßnahmen kann man Erfolg haben, wirkliche Quantensprünge werden jedoch kaum zu erreichen sein.

Wertanalyse hat einen anderen Ansatz. Statt von der gegebenen Situation auszugehen, fragt sie nach dem „warum". Wie viele andere Techniken ist auch die Wertanalyse in den USA entwickelt worden. Als ihr „Erfinder" gilt Lary Miles. Er beschreibt Wertanalyse wie folgt:

> "Value Analysis (Wertanalyse) ist eine Philosophie, gestützt von einer Reihe von spezifischen Techniken, eine Mischung aus Wissen und angelernten Fähigkeiten. Es ist eine organisierte Anstrengung, eine kreative Anstrengung, die die Aufgabe hat, solche Kosten eines Produktes aufzuspüren, die weder der Qualität, dem Gebrauch, der Lebensdauer, noch dem guten Aussehen und der Verkaufskraft des Produktes etwas nützen."

Damit wird den nicht-wertschöpfenden Kosten der Kampf angesagt. Das Produkt soll kostengünstiger und nicht billiger (= schlechter) werden. Dadurch stellen sich bei der Wertanalyse andere Fragen:

→   Was ist die Funktion (z. B. „Kraft speichern")?

→   Was ist der Wert der Funktion?

→   Gibt es hierzu Varianten?

Wert bzw. Wertsteigerung und die hierfür aufgewendeten Kosten müssen in einer bestimmten Relation stehen. Dazu muss der Wert einer Funktion unabhängig von den Kosten ermittelt werden. Kostenzuwachs ist nicht gleich Wertzuwachs.

Wert   ist der Betrag, den ein Kunde bereit ist zu bezahlen.

Kosten   ist der Betrag, der aufgewendet wird, um diesen Wert zu schaffen.

Seit der „Erfindung" des Wirtschaftens besteht dieser Unterschied. Dieser Unterschied hat das Wirtschaften erst ermöglicht. Es ist allerdings hin und wieder notwendig, sich zu fragen, warum man etwas so und nicht anders macht. Daher stellen sich für eine Wertanalyse folgende Grundfragen:

→   Was ist es?

→   Was tut es?

→   Was kostet es?

→   Was könnte die Funktion erfüllen?

→   Was würde das kosten?

Damit löst sich die Wertanalyse von bereits Vorhandenem und geht auf den Ursprung zurück. Auf diese Weise wird die Chance eröffnet, den bisherigen Weg zu verlassen und einen neuen einzuschlagen.

19.2 Ablauf der Wertanalyse

Im Rahmen der Wertanalyse wird systematisch in sechs aufeinanderfolgenden, in Teilschritte gegliederten Schritten wie folgt vorgegangen:

1. Projekt vorbereiten
    1.1 Moderator benennen
    1.2 Auftrag übernehmen, Grobziel mit Bedingungen festlegen
    1.3 Einzelziele festlegen
    1.4 Untersuchungsziele festlegen
    1.5 Projektorganisation festlegen
    1.6 Projektablauf planen
2. Objektsituation analysieren
    2.1 Objekt- und Umfeldinformationen beschaffen
    2.2 Kosteninformationen beschaffen
    2.3 Funktionen ermitteln
    2.4. Lösungsbedingte Vorgaben ermitteln
    2.5 Kosten den Funktionen zuordnen
3. Soll-Zustand beschreiben
    3.1 Informationen auswerten
    3.2 Soll-Funktionen festlegen
    3.3 Lösungsbedingte Vorgaben festlegen
    3.4 Kostenziele den Funktionen zuordnen
4. Lösungsideen entwickeln
    4.1 Vorhandene Ideen sammeln
    4.2 Neue Ideen entwickeln
5. Lösungen festlegen
    5.1 Bewertungskriterien festlegen
    5.2 Lösungsideen bewerten
    5.3 Ideen zu Lösungsansätzen verdichten und darstellen
    5.4 Lösungsansätze bewerten
    5.5 Lösungen ausarbeiten
    5.6 Lösungen bewerten
    5.7 Entscheidungsvorlage erstellen
    5.8 Entscheidungen herbeiführen
6. Lösung verwirklichen
    6.1 Realisierungen im Detail planen
    6.2 Realisierung einleiten
    6.3 Realisierung überwachen
    6.4 Projekt abschließen

Von allen aufgeführten Schritten ist Schritt 4 (Lösungsideen entwickeln) der interessanteste und Schritt 6 (Lösungen verwirklichen) der anstrengendste. Wertanalyse wird nur dann wirklich funktionieren und erfolgreich sein, wenn sie systematisch betrieben wird. Dazu gehört es, die Schritte nacheinander abzuarbeiten. Andernfalls führen „schnelle Erfolge" sehr rasch in eine Sackgasse.

Grundsätzlich kann alles einer Wertanalyse unterzogen werden. Am wirkungsvollsten ist eine Wertanalyse, wenn sie direkt beim Entstehen eines Produktes bzw. eines Prozesses angewendet wird. Grundsätzlich kommen für Wertanalyse eigene Produkte, Leistungen und Abläufe infrage, aber auch für Lieferungen und Leistungen, die von Lieferanten erbracht werden.

19.3 Wertanalyse mit Lieferanten

Wertanalyse wird stets mithilfe eines funktionsübergreifenden Teams durchgeführt, an denen sich der strategische Einkauf beteiligen sollte. Von besonderem Interesse ist es jedoch, strategische Lieferanten (mit Geheimhaltungsvereinbarung) in die Teamarbeit zu integrieren. Es können mehrere Lieferanten eingebunden sein. Diese sollten aber nicht in direktem Wettbewerb zu einander stehen. Wettbewerber werden sich eher belauern als ergänzen.

Beispiel für ein Wertanalyse-Team

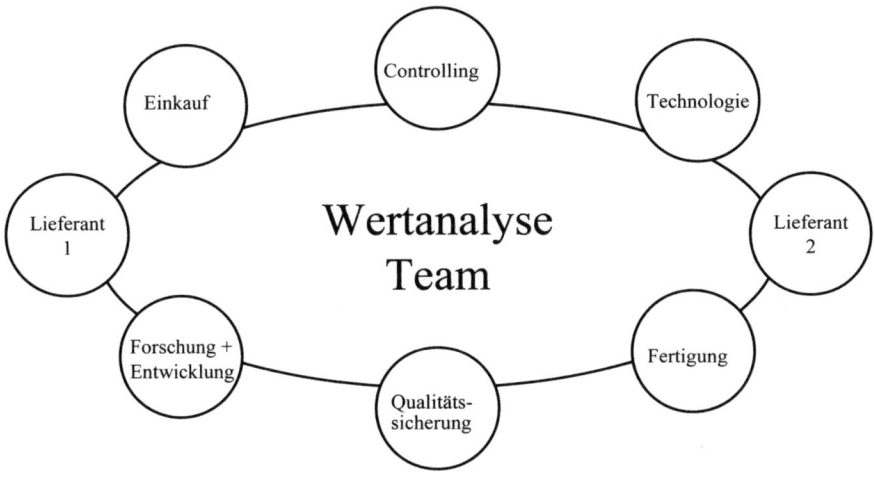

Abbildung 69

Ein Beispiel für ein solches funktionsübergreifendes Team, in das auch Lieferanten eingebunden sind, ist in Abbildung 69 dargestellt.

Die Einbindung von Lieferanten in das Wertanalyse-Team sollte möglichst frühzeitig vorgenommen werden. Das führt zu umfassender Information von Anfang an und erspart zeitaufwendige Wiederholungen. Der zweckmäßigste Zeitpunkt ist noch während des ersten Schrittes gegeben. Die Einbindung von Lieferanten ist im Rahmen der Projekt-Organisation zu entscheiden und zu realisieren.

Warum sollten sich Lieferanten bereitfinden, in einem Wertanalyse-Team beim Kunden mitzuwirken? Gründe dafür können zum Beispiel sein:

→ Kunde bevorzugt systematisch Lieferanten, die Wertanalyse betreiben

→ Wertanalyse gehört zur Erfüllung des Vertrages; Regelung der Gewinn-Aufteilung ist einvernehmlich getroffen.

→ Wertanalyse führt zu Erstaufträgen ohne Wettbewerb

Grundsätzlich wäre auch die Erstattung des Aufwandes denkbar.

19.4 Wertanalyse-Controlling

Ist eine Team-Leistung überhaupt zu messen? Wer trägt die Verantwortung für den Team-Erfolg und vor allem für den möglichen Misserfolg? Funktionsübergreifende Teams müssen in der Lage sein,

→ Erfolg gemeinsam zu bewerkstelligen,

→ Misserfolg gemeinsam zu vermeiden,

→ Entscheidungen gemeinsam zu treffen und zu tragen

→ planvoll und systematisch vorzugehen

Das bedeutet, dass der Team-Leiter der Koordinator, nicht jedoch der Chef des Teams ist. Das Team als solches ist für sein Tun verantwortlich. Es setzt sich selbst die konkreten Ziele und überwacht sie. Wie das funktioniert, zeigt Abbildung 64.

Wertanalyse-Team			Soll-Ist-Vergleich		
Verschlussdeckel X-Maschine					

Gegenstand: Verschlussdeckel an der X-Maschine

Aufgabenstellung: Kosten-Situation und Durchlaufzeit dieser Baugruppe sind unbefriedigend. Durch eine Wertanalyse mit Lieferanten ist diese Situation nachhaltig zu verbessern

Team-Mitglieder:

H. Müller	Einkauf	H. Martin	Groß & Klein, Köln
Fr. Kurz	Konstruktion	H. Wenig	Sparsam & Co., Berlin
H. Sander	Stanzerei		
H. Lang	Maschinen-Montage		
Fr. Gut	Qualitätssicherung		
H. Redlich	Vertrieb		

	Ausgangs-situation:	Ziel:	Gesamt:	Ergebnis:	Erfolg: Gesamt
Herstellkosten in €/Stück:	55,20	40,00	152 k€	38,50	16,70 k€
Anzahl Teile:	28	20		21	7
Montage-Schritte:	12	5		6	6
Montage-Zeit in Minuten/Stück:	18	12		10	8
Durchlaufzeit (Plan) in Tagen	24	12		10	14
Anzahl Sitzungen:		8		10	
Beginn Realisierung		31.10.2008		15.11.2008	
Anlaufkosten incl. Werkzeuge:		50 k€		60 k€	

Abbildung 70

Verflossene Zeit ist nie wieder aufzuholen. Daher handelt ein Team – wie im Beispiel dargestellt – richtig, wenn es sich für den Projektabschluss einen anspruchsvollen Zeitpunkt setzt. Wertanalyse-Untersuchungen dürfen keine endlosen Aufgaben sein.

Bei allen Projekten muss man den Zeitplan im Auge behalten. Dies gilt für den gesamten Projektablauf. Häufig rückt die „Zeit" als Faktor erst in den Blickpunkt, wenn der eigentlich geplante Zeitaufwand aufgebraucht ist. Die meiste Arbeit ist von den Team-Mitgliedern zwischen den Treffen zu leisten.

Wie in der Abbildung 70 dargestellt, wird nach Abschluss der Wertanalyse-Untersuchung das Ergebnis gemessen. Reichten die veranschlagte Zeit und die Anzahl Treffen aus, um die Arbeit abzuschließen? Wurden die Ziele erreicht? Für den Fall, dass diese nicht erreicht wurden, gilt es die Ursachen zu ergründen und zu analysieren, um daraus die notwendigen Lehren für die Zukunft zu ziehen.

Eine weitere Möglichkeit für ein Controlling ergibt sich, wenn es einen Wertanalyse-Beauftragten im Unternehmen gibt. Dieser kann durchaus in die Einkaufsstrukturen integriert sein.

Diesen Wertanalyse-Beauftragten gilt es zu „führen", ohne ihn zu sehr bei der Auswahl „seiner" Objekte einzuschränken. Der Zeitrahmen für eine entsprechende Zielvereinbarung sollte nicht auf ein Jahr begrenzt sein. Drei Jahre sind eher als zweckmäßig anzusehen. Der Zielerreichungsgrad ist hingegen in kurzen Abständen (z. B. vierteljährlich) einem Controlling zu unterziehen. In diesem Zusammenhang sind nicht nur das bisher erreichte Ergebnis, sondern auch die eingeleiteten Maßnahmen zu hinterfragen. Hierdurch kann späteren Abweichungen vorgebeugt werden.

Um den notwendigen Einfluss auf die Zielrichtung des Wertanalyse-Beauftragten geltend machen zu können, sollten z. B. folgende Eckdaten vereinbart werden:

→ Anzahl Wertanalyse-Objekte (Teams), gegliedert nach
    → eigenen Produkten
    → eigenen Leistungen
    → eigenen Abläufen
    → Projekte mit Lieferanten
→ Anzahl der im Zeitraum abzuschließenden Projekten
→ Anzahl der einzubindenden Mitarbeiter
→ Anzahl der einzubindenden Lieferanten
→ Ergebnisse aus Wertanalyse-Projekten, gegliedert in

→ Reduzierung Herstellkosten (bzw. Preise bei Lieferanten-Projekten)

→ Reduzierung Bauteile/Baugruppen (Optimierung Komplexität)

→ Reduzierung Prozessschritte bei eigenen Produkten

→ Reduzierung Durchlaufzeit (mind. um 25 Prozent)

→ Reduzierung Fehlerkosten

Mithilfe eines derartig gegliederten Zielkatalogs kann sichergestellt werden, dass nicht die gesamte Zeit auf ein einzelnes Objekt aufgewendet wird, sondern strukturiert vorgegangen und die vorgesehene Anzahl Mitarbeiter und Lieferanten in die Maßnahmen eingebunden wird. Es ist von Vorteil, möglichst viele Mitarbeiter und Lieferanten einzubeziehen, da von der Teilnahme an Wertanalyse-Projekten auf die Mitglieder meist eine erhebliche Motivation ausgeht.

Die Strukturierung der zu erreichenden Ziele sorgt dafür, dass direkte Kosten- und Prozessverbesserungen im Fokus stehen. Prozessverbesserungen zeigen oft keinen unmittelbar messbaren Ergebniseffekt. Dieser stellt sich aber mittelbar in Form von Kapazitätsgewinnen bzw. indirekten Kostensenkungen und Erhöhung der Flexibilität ein.

Das Controlling einer solchen Zielvereinbarung ist in Abbildung 71 dargestellt. In diesen werden die Kosteneinsparungen kumuliert gezählt, die Reduzierung von Teilen u. a. m. jedoch nur einmal erfasst. Durch die kumulierte Rechnung der Einsparungen erhält der Zeitfaktor besonderes Gewicht, denn je früher eine Wertanalyse-Maßnahme abgeschlossen und realisiert wird, desto früher ist sie ergebnisrelevant. Zeit ist Geld.

Beispiel für Jahresbericht Wertanalyse

Soll-Ist-Vergleich		Ziel 2006 - 2008	Zielerreichung			Wertanalyse
			2006	2007	2008	Gesamt
Für die Jahre 2006 - 2008 wurden Ziele vereinbart. Diese wurden wie folgt realisiert:						
Anzahl zu gründender Teams		36	5	16	16	37
davon	eigene Produkte	12	3	6	5	14
	eigene Leistungen	6	1	2	3	6
	eigene Abläufe	6	1	3	2	6
	Lieferanten-Objekte	12	0	5	6	11
Anzahl einzubindender Mitarbeiter		72	25	55	58	68
Anzahl einzubindender Lieferanten		24	7	12	15	21
Anzahl abzuschließender Teams		30	2	12	14	28
Hieraus für den Referenz-Zeitraum zu realisierende Erfolge						
Reduzierung	Herstellkosten/Beschaffungskosten *)	7,5 Mio €	0,5 Mio €	2,2 Mio €	7,3 Mio €	7,3 Mio €
Reduzierung	Teile/Gruppen	1000	45	545	340	930
Reduzierung	Prozessschritte (bei eig. Produkten)	120	25	75	35	135
Reduzierung	Durchlaufzeit (mind. 25 %)	8	2	5	4	11
Reduzierung	Fehlerkosten	0,5 Mio €	0,1 Mio €	0,3 Mio €	0,1 Mio €	0,5 Mio €

* Unter Berücksichtigung der Auflaufkosten
Wiederholt anfallende Erfolge werden auch in den Folgejahren gezählt!

Abbildung 71

20. Target Costing – Zielkosten anstreben

20.1 Handeln statt jammern!

Die Erkenntnis, nicht wirtschaftlich genug zu sein, darf nicht zur Resignation oder zu hektischer Betriebsamkeit führen. Es gilt vielmehr, Ansatzmöglichkeiten für eine Verbesserung zu finden und konsequent zu nutzen. Dazu ist die gegebene Situation zu analysieren, um den notwendigen Überblick zu gewinnen. Es gilt festzustellen, wo die tatsächlichen Schwachstellen liegen. Die in diesem Zusammenhang notwendige Untersuchung muss möglichst detailliert erfolgen.

Auf Basis der Untersuchungsergebnisse ist in einem nächsten Schritt eine anspruchsvolle aber dennoch realistische Zielvorstellung zu entwickeln. Da damit zu rechnen ist, dass der Kostendruck aufgrund der Wettbewerbssituation nicht nachlässt, muss auch diesem Umstand Rechnung getragen werden. Andernfalls wird nur ein Pyrrhussieg errungen. Der Aufwand war hoch, hat sich aber eigentlich nicht gelohnt.

Target Costing ist nur in einem funktionsübergreifenden Team erfolgversprechend anzugehen. Dabei übernimmt in der Regel das Unternehmens-Controlling eine richtungsweisende Rolle. Im Projektgeschäft, aber auch in anderen Branchen, muss in jedem Fall der Einkauf involviert sein. Entscheidende Einsparungen lassen sich nur mithilfe von Lieferanten realisieren. Sicherzustellen ist aber auch die Beteiligung der eigenen Entwicklung.

Kostenprobleme sind meist nicht auf der obersten Produktebene zu lösen. Dort ist oft nur zu erkennen, dass die Kalkulation zu hohe Kosten ausweist. Lösungsmöglichkeiten zeigen sich erst, wenn die Ursachen ermittelt sind, die dazu geführt haben. Schließlich ist das Ergebnis einer auf allen Stufen durchgeführten Kalkulation nichts anderes als die Summe von Einzelwerten. An diesen Einzelwerten, gilt es anzusetzen.

Die effizienteste Möglichkeit, Target Costing zu betreiben, ist, diese an den Beginn aller Aktivitäten zu stellen. Wer weiß, was eine maschinelle Anlage kosten darf, muss in der Lage sein, hieraus auf die zu realisierenden maximalen Kosten für jedes Bauteil und jede Leistung zu schließen. Selbst wenn dies aus Gründen der Wirtschaftlichkeit unterbleibt, sollte die Untersuchung nicht auf der zweiten Produktebene stehen bleiben. Es ist aus Gründen der bestehenden kostenrechnerischen Identifikation erforderlich, das Target Costing möglichst weit herunterzubrechen.

20.2 Kostenziele planen und erreichen

Abbildung 66 zeigt ein Beispiel für Target Costing aus dem Anlagengeschäft. Dabei wird im Gegensatz zur traditionellen Plankostenrechnung
von einer Zielsetzung ausgegangen, von Zielkosten. In dem Beispiel wurde der Einfachheit halber das übergeordnete Ziel nur auf die zweite Ebene heruntergebrochen. Die gesamte Anlage, ein Kraftwerk wird in über-
schaubare Einheiten gegliedert, die in der Summe wieder die komplette
Anlage ergeben. So wird aus der

→ Kraftwerksanlage
    → Generator
    → Schaltanlage
    → Gebäude
    → Freileitung
    → Transformatoren
    → Planleistungen

Sobald Ist-Kosten und Kostenziele ermittelt sind, wird schon auf dieser
Ebene erkennbar sein, welche Komponente die größte Aufmerksamkeit
verdient. In aller Regel wird bereits auf einer derartig hohen Gliede-
rungsebene sichtbar, wo erfolgversprechende Potenziale erschlossen
werden können.

Die Untergliederung auf der dritten Ebene erfolgt in vergleichbarer Art
und Weise. So könnte man zum Beispiel die Position „Freileitung" wie
folgt weiter strukturieren:

→ Freileitung
    → Maste (Stahlbau)
    → Isolatoren
    → Seile (Leitungen)
    → Fundamente (Bauleistungen)
    → Montage

Target Costing im Anlagengeschäft

Gegenstand/ Leistung	Basis 2007 k €	aktuelle Kosten 6/2008 k €	Zielkosten Dez 08 k €	Zielkosten Dez 09 k €
Generator	1.500	1.300	1.250	
Schaltanlage	450	420	400	
Gebäude	1.830	1.650	1.550	
Freileitung	560	620	500	
Transformatoren	780	660	600	
Planungsleistungen	220	210	150	
Summe Einkauf	5.340	4.860	4.450	4.000
Zielpreis	4.000	4.000	4.000	4.000
Delta	-1.340	-860	-450	0

Abbildung 72

Für diese Unterpositionen sind ebenfalls Ist-Kosten und Kostenziele zu bestimmen bzw. zu ermitteln.

In dem skizzierten Beispiel scheint die Unter-Komponente „Maste" in besonderem Maße Einsparungspotential aufzuweisen. Wenn auch diese Komponente aufgegliedert wird, könnte dies wie folgt geschehen:

→ Maste (Stahlbau)
  → Winkelstahl
  → mechanische Bearbeitung
  → Oberflächenbehandlung
  → Befestigungsmaterial
  → Baugruppenmontage

Auch diese Unterkomponenten sind wiederum mit Ist-Kosten und Kostenzielen zu versehen.

Ebenso wie pauschalierte Kosten verhindern Pauschalpreise einen hinreichend genauen Überblick über die Kostenstruktur zugekaufter Komponenten. In diesem Fall ist der jeweilige Lieferant zu veranlassen, eine entsprechende Aufschlüsselung vorzunehmen. In welcher Position und wie der Gewinn untergebracht wird, ist nicht weiter von Belang. Wichtig ist es, den notwendigen Überblick über die Kostentreiber zu gewinnen. Dies liegt auch im Interesse des bzw. der Lieferanten. Schließlich geht es darum, Kosten zu eliminieren, nicht nur Preise zu reduzieren. An einer Kostenreduzierung muss auch der jeweilige Lieferant interessiert sein.

Besonders anspruchsvolle Ziele sind oft nicht in einem Schritt zu erreichen. Mitunter sind Zwischenziele (Meilensteine) erforderlich, denn es gibt Maßnahmen, die relativ kurzfristig zu realisieren sind. Andere nehmen längere Zeit in Anspruch. Auch wenn in der Regel gefordert ist, kurzfristig nennenswerte Ergebnisse zu erreichen, so ist es doch wichtig, das langfristige Ziel nicht aus dem Auge zu verlieren. Somit sind nach Möglichkeit Maßnahmen auszuschließen, die zwar kurzfristig Vorteile versprechen, aber den Weg in die Zukunft versperren. So ist sicher kaum einem Kunden ein zweimaliger Wechsel der Produktstruktur zu erklären.

Grundsätzlich wird Target Costing in gemeinsamer Verantwortung aller Beteiligten durchgeführt. Eine typische Situation ist gegeben, wenn vom Verkaufspreis ein Kostenziel für ein Produkt abgeleitet werden muss. In diesem Fall initiiert häufig der Vertrieb, der die Preisbereitschaft seiner Kunden kennt, ein zielführendes Kostenmanagement.

Ein anderer Ansatz ist dann gegeben, wenn im Zusammenhang mit einer Produktidee ein Ziel-Verkaufspreis festgelegt wird, ausgehend von den Bedürfnissen der Kunden und den Stärken und Schwächen des Wettbewerbs. Von dem erwarteten Marktpreis werden durch eine entsprechende Strukturierung die Zielkosten für die Herstellung abgeleitet, die einem konsequenten Controlling unterliegen.

21. Reporting im Einkauf

21.1 Eins nach dem anderen – Zuerst das Controlling

Das Reporting kommt nach dem Controlling. Dies ist kein Zufall. Jedes Reporting setzt ein entsprechendes Controlling voraus. Andernfalls wäre Reporting kein konkreter Bericht, sondern eine „nette Erzählung". Auf der anderen Seite darf Controlling nicht nur deshalb durchgeführt werden, um anschließend Reporting betreiben zu können.

Auf der Basis von Controlling wird Reporting möglich. Reporting ist notwendig, um den Erhalt der notwendigen Ressourcen oder deren Anpassung an Veränderungen im Umfeld sicherzustellen. So wird eine nicht ausgelastete Fabrik „optimiert", wenn keine Besserung absehbar ist. Die Kapazitäten werden dem Bedarf angepasst, also reduziert. Freie und somit ungenutzte Kapazitäten verursachen vermeidbare Kosten und werden demzufolge eliminiert.

In entsprechender Art und Weise wird auch die Einkaufstätigkeit beurteilt. Es ist also von Vorteil, Bedeutung und Leistung in geeigneter Form deutlich zu machen. Die notwendigen Informationen sind so zu vermitteln, dass sie nicht nur angeboten, sondern auch an- und aufgenommen werden. Dazu müssen folgende Faktoren zusammenspielen:

→   Inhalt (Umfang)
→   Form
→   Zeitpunkt (Frequenz)

Es ist weder erforderlich noch vertretbar, alles, was einem Controlling unterliegt oder unterliegen könnte, in ein Reporting einzubeziehen. Dies würde zu einem so umfangreichen Bericht führen, der wegen seines Umfangs von den Adressaten nicht gelesen wird. Somit hätte der Aufwand sich nicht gelohnt. Dieser Aufwand würde sogar kontraproduktiv wirken, da man den Eindruck gewinnen könnte, dass man im Einkauf Zeit für unnötige Dinge hat. Ein Bericht, der nicht gelesen wird, ist unnötig!

Statt dessen sollte man sich auf die für die Erfüllung der Einkaufsaufgaben ausschlaggebenden Kriterien beschränken. Die Entwicklung der Anzahl Bestellungen über die letzten 10 Jahre zählt wohl kaum hierzu. Hingegen sind Angaben über die Entwicklung von Preisen und Beständen unverzichtbar. Gleiches gilt für den Stand bzw. die Ergebnisse von Einkaufsprojekten.

Die Auswahl der „ausschlaggebenden Kriterien" ist unternehmensspezifisch und situationsbezogen vorzunehmen. Sie muss stets davon geprägt sein, den Adressaten alle Informationen zu vermitteln, die diese wünschen. Darüber hinaus ist es wichtig, alle Informationen zu vermitteln, die zusätzlich von entscheidender Bedeutung für diese Personen sind. Reporting ist mehr als die Antwort auf gestellte Fragen.

Reporting muss Informationen leicht erfassbar herüberbringen. Dazu ist eine Zahlenkolonne weniger geeignet als eine vergleichende Grafik. Die Zahlen können dann zusätzlich übermittelt werden. Soweit Erläuterungen notwendig und sinnvoll sind, gehören auch diese zum Reporting.

In Abbildung 73 ist ein Liniendiagramm zur „Preisentwicklung Edelstahl" dargestellt. Eine solche Information macht Sinn, wenn Edelstahl maßgeblich die Kostenentwicklung beeinflusst. Auf einen Blick sind erkennbar:

→ Preisentwicklung gesamt
→ Entwicklung Basispreis
→ Entwicklung Legierungszuschlag (durch Nickelpreis geprägt)

Abbildungen dieser Art sprechen für sich und machen ausführliche Erläuterungen überflüssig. Statt dessen kann ein Hinweis auf die zu erwartende Entwicklung und die künftige Strategie hilfreich sein.

Es ist zweckmäßig, einmal gewählte und somit bekannte Darstellungsformen beizubehalten und nicht ständig zu wechseln. Auch dies erhöht die Akzeptanz und den Informationswert. Der Adressat findet sich schneller zurecht.

Zur Form, der Ausführung, gehört auch der Informationsträger. Die Wirkung von bedrucktem Papier sollte man nicht unterschätzen. Nur wenige Manager lesen eine elektronische Zeitung! Andererseits ist es zweifellos zweckmäßig, die Informationen elektronisch zu verarbeiten und zu speichern. Das „Aufbewahren" in einer gemeinsamen Datenbank erspart aufwendiges Suchen. Dennoch ist es in der Regel angebracht, den Adressaten einen aufbereiteten Ausdruck zur Verfügung zu stellen.

Beispiel Liniendiagramm

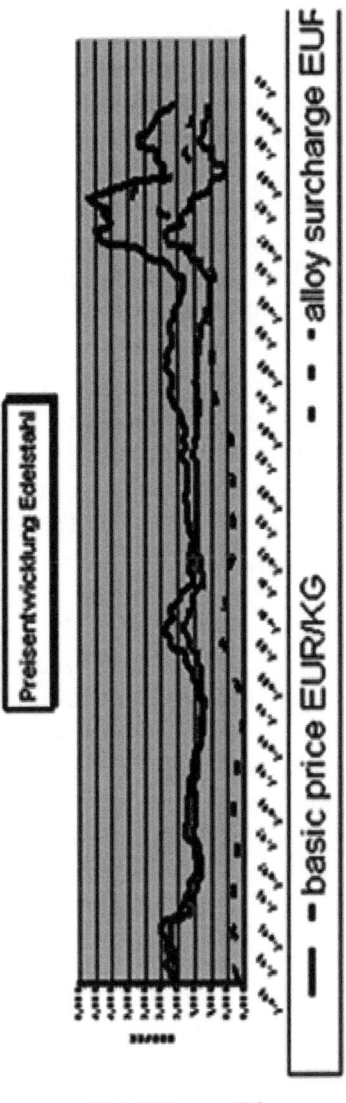

Abbildung 73

21.2 Wann und für wen?

Ein weiterer entscheidender Faktor ist die Zeit bzw. die Frequenz. Wie oft sollte berichtet werden? Grundsätzlich sind die Zeitabstände so zu wählen, dass aktuelle Informationen vermittelt werden können. In der Praxis hat es sich bewährt, einen eher umfangreichen Jahresbericht zu verfassen und diesen mit kurzen Quartalsberichten zu untersetzen.

Neben diesen „Routine-Berichten" ist fallweises Reporting erforderlich. Dies gilt zum Beispiel für den Abschluss wichtiger Projekte. Es kann aber auch zum Beispiel um die Insolvenz eines wichtigen Lieferanten gehen. Auch hier ist ein Reporting gefragt, das Maßnahmen ebenso wie Wirkungen aufzeigt.

Einkaufsreporting ist vor allem zur Information der Geschäftsleitung bestimmt. Reporting hat vor diesem Hintergrund den Charakter einer Rechnungslegung. Es wird Rechenschaft abgelegt, wie die übertragenen Aufgaben erfüllt wurden. Dies beinhaltet den Umgang mit dem Einsatz der verfügbaren Mittel ebenso wie die hiermit erwirtschafteten Resultate.

Darüber hinaus ist es auch wichtig, eigenen Überblick zu gewinnen und zu behalten. Reporting führt in aller Regel dazu, dass die Entwicklung bestimmter Umstände über eine längere Zeit beobachtet wird. Damit werden auch Trends und saisonale Schwankungen transparent. Das Reporting führt zu einer Bündelung und permanenter Verfügbarkeit dieser Einzelinformationen.

Fasst man die vorstehenden Ausführungen zusammen, so ist Reporting zum einen eine gebündelte Information für Dritte, zum anderen ein wichtiges Werkzeug, um selbst Überblick zu gewinnen und zu behalten. Somit kann von einer „Lobeshymne auf sich selbst" keine Rede sein. Reporting ist vielmehr ein wertvolles Werkzeug, das auf ergebnisorientiertem Controlling basiert. Es geht um Fakten, nicht um Effekthascherei!

22. Und dann? – Die Zukunft des Controlling

22.1 Sprüche – Ein bisschen Wahrheit

Eine Halbwahrheit, also eine halbe Wahrheit, ist bekanntlich auch eine halbe Lüge. Man muss also recht vorsichtig mit dem umgehen, was als die reine Wahrheit oder Lehre verkauft wird. Dies gilt sicher auch für die Aussagen zum Controlling. Die Auswahl muss stimmen. Mit Controlling soll ein Überblick gewonnen werden, Mitarbeiter sollen in die Lage versetzt werden, erfolgreich zu sein.

Erfolg eines Managers ist stets die Summe des Erfolgs seiner Mitarbeiter. Es reicht nicht aus, dies im Anschluss an Führungslehrgänge zu bekennen. Vielmehr ist es wichtig, diese Erkenntnis ins Tagesgeschäft zu übertragen. Nur dann ist gemeinsamer Erfolg möglich. Dieser gemeinsame Erfolg macht den Unternehmenserfolg aus. Einkaufserfolg ist nur dann Realität, wenn er im Unternehmen realisiert wird.

Erfolg haben und als erfolgreich anerkannt werden, sind zwei unterschiedliche Dinge. Sie hängen aber unmittelbar zusammen. Zunächst gilt es, Erfolg zu haben. Diesen dann darzustellen, ist nahezu von untergeordneter Bedeutung. Der Nachweis eines Erfolges muss stets eine Folge, darf niemals der Anlass sein.

Viele Erfolge sind abhängig vom Umfeld. Dieses Szenario gilt es, richtig einzuschätzen. Wer heute einem Verkäufer auf die Schulter klopft, weil er doppelt so viele Aufträge hereingeholt hat wie budgetiert, höhlt das Controlling aus. Dies Beispiel gilt auch für Einkäufer. Dramatische Abweichungen lassen Planungsfehler vermuten und zeugen nicht unbedingt von besonderem Einsatz, von besonderer Leistung. Einsatz- und Leistungsbereitschaft sind bereits in der Budgetphase zu unterstellen, können also nicht als völlig neue Erkenntnisse gewertet werden.

Controlling ohne Umfeldbetrachtung von Anfang an, macht keinen Sinn. Der Erfolg liegt in der gezielten Veränderung des Umfelds bzw. einer anderen eigenen Positionierung in diesem Umfeld.

Gute Vorsätze ersetzten keine Handlung. Wer kennt nicht die Aussage, dass eigentlich viel mehr in Niedriglohnländern gekauft werden müsste? Solange ein solches Vorhaben nicht messbar gemacht wird, bleibt es eine „nette Idee". Vorgesetzte und Mitarbeiter müssen sich in der gleichen Zielsetzung wiederfinden und nachvollziehen können, ob dies erreicht wurde oder nicht. Wichtig ist, dass dies für alle Beteiligten gilt. Jeder trägt seinen Teil der gemeinsamen Aufgabe.

Dieses Denken wird in Zukunft dramatisch an Bedeutung gewinnen. Die Aufteilung von Aufgaben wird eher zu- als abnehmen. Es wird mehr Spezialisten geben als jemals zuvor. Dieser Trend führt zu einem erhöhten Koordinationsbedarf. Einem solchen ist ohne Controlling nicht zu entsprechen. Das hierfür erforderliche Controlling kann jedoch nicht Aufgabe einer zentralen Einrichtung, also des Unternehmens-Controllings sein. Es wäre damit überfordert. Das Unternehmens-Controlling kann möglicherweise zentrale fachliche Unterstützung geben und anleiten, wie Controlling durchzuführen ist. Das eigentliche Controlling muss hingegen von den Beteiligten selbst betrieben werden. Nur diese haben den notwendigen Überblick über die aktuellen Daten und Fakten.

22.2 Selbst ist der Einkauf – Controlling vor Ort

Vor diesem Hintergrund ist abzuleiten, dass Controlling vor Ort, also im Einkauf selbst, zu betreiben ist. Dies setzt Fachwissen und vor allem Disziplin voraus. Zahlen und Fakten müssen wahr sein. Daten aus dem Controlling sind stets nachvollziehbar. Andernfalls handelt es sich nicht wirklich um Controlling. Selbstcontrolling heißt auch, sich selbst „treu zu bleiben" und sich nicht selbst zu belügen. Selbstbetrug ist das Ende eines jeden Controllings! Er würde sofort in die Niederungen der Kontrolle führen.

Controlling gewinnt zunehmend an Bedeutung, da die strategisch orientierten Mitarbeiter im Einkauf ein zielführendes Werkzeug benötigen, das die Ergebnisse ihres unternehmerischen Handelns abbildet. Dabei stehen wertgestaltende Aktivitäten im Mittelpunkt der Planung und der Analyse. Dazu sind die wirklich entscheidenden Stellgrößen zu ermitteln und zu betrachten. Ob dies immer nur das Preisniveau ist, darf bezweifelt werden. Wichtiger werden in der Zukunft Kennzahlen wie zur Lieferantenintegration beschrieben. Es wird erforderlich sein, über die in diesem Buch beschriebenen Ansätze hinaus noch effektivere messbare Bewertungskriterien zu finden. Die kurzfristige Ausrichtung auf das Periodenergebnis muss durch eine längerfristige strategische Sicht ergänzt werden.

Zusammenarbeit über Funktionsgrenzen hinweg muss Standard werden. Dazu sind Messkriterien zu ermitteln. Die Erfahrung lehrt, dass nur messbare Veränderungen systematisch herbeigeführt werden. Auch hier besteht also Handlungsbedarf.

Benötigt Controlling ebenfalls ein Controlling? Man ist versucht, dies als das Weißen eines Schimmels zu betrachten. Wenn es aber Ziel sein sollte, möglichst viele Personen in das Controlling einzubeziehen, macht das Controlling des Controllings Sinn. Es gilt, den Fortschritt messbar zu machen. Von der Messbarkeit zum Controlling, also zur gezielten Beeinflussung ist es dann nur noch ein kleiner Schritt.

Wem seine Ideen zum Controlling ausgehen, hat es möglicherweise nicht besser verdient. Er hat die Möglichkeiten gezielter Veränderungen aus dem Auge verloren. Zweifellos hat diese Aufgabenstellung Chancen wie Risiken. Aber der große Dirigent Karajan hat uns überliefert, dass derjenige, der seine Ziele stets erreicht, diese sicher zu niedrig angesetzt hat.

Horst Hartmann

Modernes Einkaufsmanagement

**Global Sourcing –
Methodenkompetenz –
Risikomanagement**

Band 15
Praxisreihe Einkauf/Materialwirtschaft
2007; 140 Seiten, broschiert
ISBN 978-3-88640-133-8

Herausgeber:
Professor Dr.
Horst Hartmann

Praxisreihe Einkauf
Materialwirtschaft
Band
15

Horst Hartmann

Modernes
Einkaufsmanagement

Global Sourcing - Methodenkompetenz -
Risikomanagement

Deutscher Betriebswirte-Verlag GmbH

Das Rollenverständnis des Einkaufs hat sich dramatisch verändert. Auf die Neugestaltung der Prozesse und Strukturen wirken moderne Konzepte wie Supply Chain Management und Innovationspartnerschaften sowie zukunftsweisende B2B-Lösungen ein.

Modernes Einkaufsmanagement findet im Konzept des strategischen Einkaufs seine strukturierende Ausprägung. Professionelle Vorbereitung, zielorientierte Ausrichtung, ganzheitliche Betrachtungsweise sowie funktions- und unternehmensübergreifende Zusammenarbeit mit internen und externen Partnern bestimmen das Arbeitsumfeld der Einkäufer.

Die Ausführungen können sowohl zur kritischen Überprüfung der Ist-Situation im eigenen Unternehmen herangezogen werden als auch zur zielführenden Entwicklung beitragen. Beispiele und Checklisten vor allem zum Global Sourcing-Prozess erleichtern die Orientierung.

Deutscher Betriebswirte-Verlag GmbH

Bleichstraße 20-22 · 76593 Gernsbach, Deutschland
Tel. +49 7224 9397-151 · **Fax +49 7224 9397-905** · www.betriebswirte-verlag.de